燃气行业管理实务系列丛书

U0159799

城市燃气瓶改管工程实务

陈树林 滕 伟 主编

中国建筑工业出版社

图书在版编目(CIP)数据

城市燃气瓶改管工程实务 / 陈树林，滕伟主编. —
北京：中国建筑工业出版社，2023.12
（燃气行业管理实务系列丛书）
ISBN 978-7-112-29412-1

Ⅰ. ①城… Ⅱ. ①陈… ②滕… Ⅲ. ①天然气管道—
管道工程—中国 Ⅳ. ①TE973

中国国家版本馆 CIP 数据核字(2023)第 241222 号

　　本书共 10 章，分别是：城市燃气瓶改管的重要意义、瓶改管主要户型特点及设计要
求、瓶改管资金筹措、瓶改管各方职责及协调机制、瓶改管工程建设前期流程、瓶改管工
程造价管理、瓶改管工程施工管理、工程款支付及资金监管、瓶改管供气及运营管理、瓶
改管宣传及舆情处置等内容。本书邀请了国内知名燃气企业中具有丰富瓶改管实践经验的
专家一起编写，对广州、深圳等地政府部门出台的瓶改管工作方案和具体实践进行了研究
总结，阐述了城市燃气瓶改管工程的资金筹措、协调机制、建设流程、造价管理、施工管
理、运营管理等内容。

　　本书可供城市燃气瓶改管工程设计、施工、监理、造价、咨询等人员使用，也可作供
政府城市建设主管部门管理人员使用，还可作为燃气企业瓶改管工程职工培训教材使用。

责任编辑：胡明安
责任校对：张　颖
校对整理：董　楠

燃气行业管理实务系列丛书
城市燃气瓶改管工程实务
陈树林　滕　伟　主编

*

中国建筑工业出版社出版、发行(北京海淀三里河路 9 号)
各地新华书店、建筑书店经销
北京红光制版公司制版
北京君升印刷有限公司印刷

*

开本：787 毫米×1092 毫米　1/16　印张：14½　字数：251 千字
2024 年 1 月第一版　　2024 年 1 月第一次印刷
定价：**56.00** 元
ISBN 978-7-112-29412-1
(42065)

李文波（湖北建科国际工程有限公司）

厉　森（振华石油控股有限公司）

刘晓东（惠州市惠阳区建设工程质量事务中心）

秦周杨（湖北宜安泰建设有限公司）

仇　梁（天信仪表集团有限公司）

孙　浩（广州燃气集团有限公司）

宋广明（铜陵港华燃气有限公司）

苏　琪（广西中金能源有限公司）

唐立君（中国燃气控股有限公司）

王　睿（广州燃气集团有限公司）

王传惠（深圳市燃气集团股份有限公司）

王伟艺（北京市隆安（深圳）律师事务所）

王延涛（武汉市城市防洪勘测设计院有限公司）

伍　璇（武汉市昌厦基础工程有限责任公司）

邢琳琳（北京市燃气集团有限责任公司）

杨常新（深圳市博轶咨询有限公司）

杨泽伟（湖北建科国际工程有限公司）

于恩亚（湖北建科国际工程有限公司）

张华军（湖北建科国际工程有限公司）

张　萍（燃气信息港杂志社）

周廷鹤（中国燃气控股有限公司）

朱柯培（北京天鸿同信科技有限公司）

朱远星（郑州华润燃气股份有限公司）

邹笃国（深圳市燃气集团股份有限公司）

秘 书 长

李雪超（中裕城市能源投资控股（深圳）有限公司）

法律顾问

丁天进（安徽安泰达律师事务所）

4

本 书 编 写 组

主　　编　陈树林（深圳市燃气集团股份有限公司）

　　　　　滕　伟（深圳市燃气集团股份有限公司）

副 主 编　许开军（湖北建科国际工程有限公司）

　　　　　周廷鹤（中国燃气控股有限公司）

　　　　　吴　用（长沙华润燃气有限公司）

编写组成员　李智锐（深圳市燃气集团股份有限公司）

　　　　　罗振宁（深圳市燃气集团股份有限公司）

　　　　　鲜伟苇（深圳市燃气集团股份有限公司）

　　　　　郭一超（深圳市燃气集团股份有限公司）

　　　　　陈润丰（深圳市燃气集团股份有限公司）

历史地、战略地看待城镇燃气

兼作：再接再厉——祝贺系列丛书第十四册出版（代总序）

一、城镇燃气和燃油、电力的不同

历史地回顾城镇燃气发展是很有必要的，当前，各方对城镇燃气的看法和处理方式，都和城镇燃气的过去有着无法分割的关系，有沿袭，有半浸入，也有割裂，系统地回顾和总结是非常必要的。

燃油、电力都是工业发展的直接产物，其本质是极其重要的生产资料，是重要经济命脉，具有不可替代性。城镇燃气是城市发展的直接需求，其本质是一种生活物资，是在工业需求富余之后的外溢，或者是经济得到充足发展之后的结果，虽然关系民生，但并非不可替代，假如不考虑运输、环境等条件的话。在国内相当长一段时间里，城镇燃气主要向特殊群体或特定区域供应。

二、我们做了一些力所能及的工作

我们从燃气建设、运行、经营等方面作了一些力所能及的工作。

2017 年 6 月，我们出版了第一本有关燃气的专业图书——《燃气行业有限空间安全管理实务》，由石油工业出版社资助发行；到 2019 年初，我们发起创立燃气行业管理实务系列丛书编委会，汇集更多同仁一起献计出力，截至 2023 年 12 月，已经组织策划出版了 14 本专业图书，涉及燃气安全、计量、反垄断、应急、特许经营等内容。

2020 年底，我们又发起创立房屋市政工程管理实务系列丛书编委会，已经组织策划出版了 2 本专业图书，仍然和燃气相关，并已筹划向房屋市政工程其他专业方向扩展，要慢慢来。

2021 年中，我们再发起创立安全生产管理实务系列丛书编委会，已经组织策划出版了 1 本专业图书，这次是与粉尘爆炸有关，并正在组织其他行业领域的图书编撰工作。

应该说系列丛书已经取得了一些成效，一是前后有 200 多名从业者参与并贡献智慧，这是难得的，展现了大家的专业情怀和责任担当；二是系列丛书的出版为一些从业者提供了工作参考，或多或少有些益处。当然，这么一点成绩已经过去，秉着"归零"的想法，现在主要是谈一谈想法和展望。

三、再接再厉

系统全面深入地回顾研究近 20 多年的燃气发展工作，非常迫切，要抓紧开展，结合上中游一起看、一起分析，我们已经启动了相关工作。随着我们国家国力增强，外溢影响增大，燃气行业也面临着走出去的现实选择，但在走出去之前，必须在国内完成一套理论和方法体系的建立，并得到了反复地验证和修正。不能仅满足资本的收益，还要追求制度的收益，这样才可能逐步赶上先进国家的燃气工作，并实现超越。回到当下，现阶段的新发展格局、高质量发展，都需要国内燃气行业快马直追。

未来，系列丛书在两个方面的工作要加强开拓。一是对有关理论方面的研究，对标电力、油气，分要素、分环节地逐一加以比较研究，继而形成一些论文，如果能编撰成书，这样更好。二是对国外经典图书或文献的翻译，它们的燃气工作比我们发展得早、成熟得早，非常丰富，也很复杂，有一套系统的理念和方法，值得我们长期研究、学习和借鉴，这是最快的改进途径和方式，要毫不犹豫地加快、再加快。

欢迎更多的同行投入到燃气相关研究中来，欢迎同仁们支持和参与系列丛书的继续发展！

燃气行业管理实务系列丛书编委会

2023 年 12 月

前　言

天然气作为化石燃料中的清洁能源,是实现"碳达峰、碳中和"目标的重要能源之一,国家高度重视天然气推广利用工作。近年,国务院相继印发《国务院关于促进天然气协调稳定发展的若干意见》《加快推进天然气利用的意见》等文件,要求加快推进天然气利用,各省市也陆续发布相关政策文件。

由于历史原因,部分城市管道燃气基础设施建设滞后,城中村、老旧住宅小区、餐饮机构等人员密集场所仍在普遍使用瓶装液化石油气,市民用气不方便,瓶装液化气安全事故频发,给城市公共安全带来隐患。"坚持在发展中保障和改善民生"是习近平新时代中国特色社会主义思想的重要内容,各级政府高度重视和改善民生。实施瓶改管,既是落实推广利用天然气、改善民生、提升城市公共安全的具体实践,也是城市安全工程、民生工程、减排工程、降碳工程的具体落实。瓶改管是在已建成的城中村和老旧住宅小区安装管道天然气,相比新建住宅小区的燃气工程,其资金筹措难、扰民范围广、协调相关方多、实施难度大,是一项复杂程度高、系统性强的建设工程。

本书邀请了国内知名城市燃气企业中具有丰富瓶改管实践经验的专家共同编写,对广州、深圳等地政府部门出台的瓶改管工作方案和具体实践进行研究总结,阐述城市燃气瓶改管工程的资金筹措、协调机制、建设流程、造价管理、施工管理、运营管理等内容,可供政府城市建设管理部门、城市燃气从业人员以及城市燃气瓶改管工程设计、施工、监理、造价咨询等人员使用,也可作为城市燃气企业瓶改管工程职工培训教材。希望能为城市燃气瓶改管工程建设管理和天然气推广利用提供经验。

在本书编写过程中，得到了深圳市燃气集团股份有限公司张文河、任军等同志的具体指导和大力支持，广州燃气集团有限公司孙浩、江苏思极科技服务有限公司陈跃强、长沙华润燃气有限公司伍荣璋提供了大量案例素材，在此一并表示感谢！

由于编者水平有限，书中不妥之处在所难免，敬请广大读者批评指正。

目　录

第1章　城市燃气瓶改管的重要意义

1.1 瓶改管的定义

瓶改管是指原来没有配套安装燃气管道的城中村、住宅区居住类房屋加装燃气管道，改用管道天然气，以及原使用瓶装液化石油气的工商业、公共建筑等非居民用户性质的用气场所改用管道天然气。瓶改管也称城中村、老旧住宅小区管道天然气改造工程，本书引用部分政府文件，文件中所指城中村、住宅区（或老旧小区、老旧住宅小区）、非居民用户管道天然气改造工程均与瓶改管同一含义。其中，非居民用户泛指除居民用户以外的所有工商业、公共建筑、工业等燃气用户。

1.2 瓶改管的意义

1.2.1 瓶改管可提升城市公共安全水平

生命重于泰山，人民的生命安全高于一切。党的二十大报告指出："社会稳定是国家强盛的前提"，"坚持安全第一、预防为主，建立大安全大应急框架，完善公共安全体系，推动公共安全治理模式向事前预防转型。"近年来，习近平总书记专门对安全生产作出多项重要指示，强调生命重于泰山，要求层层压实责任，狠抓整改落实，强化风险防控，从根本上消除事故隐患，有效遏制特别重大事故、重大事故发生。

平安是老百姓解决温饱后的第一需求，是极重要的民生，也是最基本的发展环境。2018年1月，中共中央办公厅、国务院办公厅印发《关于推进城市安全发展的意见》中提出，"加强城市安全源头治理，强化城市安全保障能力"。2018年11月，《住房城乡建设部办公厅关于印发贯彻落实推进城市安全发展意见实施方案的通知》中提出，"加强城镇供水、供热、道路桥梁、垃圾处理、排水与污水处理等设施的风险排查和隐患治理。"

燃气无小事，关系百姓"柴米油盐"和人民群众的切身利益，没有安全就谈不上发展，在城中村、老旧小区、餐饮等人员密集场所实施瓶改管工程，是一项提升人民群众获得感、幸福感、安全感的重要民生工程，是一项推进城市燃气事业发展、提升城市安全用气水平的必要举措，是提升城市管理水平、打造宜居城市的必由之路，天然气与液化石油气对比见表1-1。

天然气与液化石油气对比 表1-1

项目	天然气	液化石油气
热值	50190kJ/kg	46000kJ/kg
气态相对空气密度	0.5548	1.686
主要成分	甲烷（CH_4）	丙烷（C_3H_8）、丁烷（C_4H_{10}）等
爆炸极限	5.0～15.4（空气体积百分比）	1.5～12（空气体积百分比）
灶前运行压力	2～3kPa	约800kPa
拆卸频率	0.125次/a	120次以上/a
供应服务形式	唯一城市燃气企业，主体责任有保障	城市燃气企业自由竞争，不固定，责任难落实
存储运输便捷度	管道运输，即开即用	气瓶运输，需要换瓶

管道天然气是以甲烷为主要组成部分的可燃性气体，其化学方程式是CH_4，热值达到50190kJ/kg，分子量是16，相对密度为0.5548，明显小于空气密度，在非密闭空间中易逸散。天然气具有无色、无味、无毒、热值高、稳定性好、环保等一系列优点，是一种首选的环保能源，加臭气体为四氢噻吩，爆炸极限为5.0～15.4（空气体积百分比）。灶前运行压力为民用天然气管道压力，即2～3kPa。供气设施为固定金属管道，安全距离符合要求。活动接头及拆卸频率为0.125次/a（商业用户管道燃气用户灶具与天然气管道必须使用金属管道丝接，按金属波纹管寿命8年计），非必要不拆开。

液化石油气主要由碳氢化合物组成，主要成分为丙烷、丁烷以及其他的烷烃等，热值为46000kJ/kg。密度为580kg/m³，气态密度为2.35kg/m³，气态相对密度为1.686。加臭气体为乙硫醇。爆炸极限为1.5～12（空气体积百分比）。气瓶运行压力为瓶装液化气压力，在20℃时为0.8MPa，在40℃时为1.59MPa。供气设施为胶管，商业用户根据操作需求挪动气瓶，安全距离难以保证。活动接头及拆卸频率：2个以上（胶管两端），120次以上/a（按瓶装液化气充装流转频率计平均值，3天/瓶）；供应服务形式：气瓶分装，每家用户接受的液化气供应单位不固定，送气人员从业素养和技术水平良莠不齐，未建立长期固定的供需关系，难以确保安全检查落实到位。

通过天然气与液化石油气的对比可知，天然气安全性能更高。

随着我国经济快速发展，城镇燃气得到快速发展，燃气行业事故进入易发、多发阶段。"燃气爆炸"微信公众号等对2016—2021年全国燃气爆炸数据进行统计，主要气源爆炸事故占比见表1-2，其中液化石油气事故占比约70%，且主要为用户使用事故，可见液化石油气安全形势严峻。

2016—2021年主要气源爆炸事故占比（%）　　　　表1-2

年份	液化石油气	天然气	人工煤气
2016年	48.52	32.90	18.58
2017年	68.97	29.26	1.77
2018年	74.30	22.91	2.79
2019年	73.95	24.37	1.68
2020年	65.95	31.60	2.15
2021年	68.78	31.32	0

注：数据来源于"燃气爆炸"微信公众号等网络。

据统计，2011—2021年发生的15起较大以上液化石油气用户事故，均为餐饮企业用户事故，共造成101人死亡，213人受伤，经济损失共计超过1.3亿元（表1-3）。

2011—2021年发生的15起较大以上液化石油气用户事故概况统计表　　表1-3

序号	事故发生地	事故性质	发生年份	死伤人数	总处罚人数（人）	受处分监管人员数量（人）
1	西安	重大事故	2011年	11人死亡31人受伤	20	13
2	寿阳	重大事故	2012年	14人死亡47人受伤	27	24
3	苏州	重大事故	2013年	11人死亡9人受伤	15	13
4	厦门	较大事故	2014年	4人死亡3人受伤	9	6
5	厦门	较大事故	2014年	5人死亡18人受伤	10	6
6	青岛	较大事故	2015年	3人死亡17人受伤	12	10
7	芜湖	重大事故	2015年	17人死亡	38	33
8	上海	较大事故	2017年	3人死亡	1	0

续表

序号	事故发生地	事故性质	发生年份	死伤人数	总处罚人数（人）	受处分监管人员数量（人）
9	南京	较大事故	2017年	3人死亡8人受伤	12	6
10	杭州	较大事故	2017年	3人死亡44人受伤	17	16
11	淮安	较大事故	2017年	3人死亡11人受伤	11	7
12	蚌埠	较大事故	2019年	5人死亡3人受伤	15	11
13	北票	较大事故	2019年	6人死亡14人受伤	13	10
14	无锡	较大事故	2019年	9人死亡10人受伤	35	18
15	绍兴	较大事故	2021年	3人死亡	16	14

注：数据来源于"燃气爆炸"微信公众号等。

2022年燃气事故分析见表1-4。

2022年燃气事故分析　　　　　　　　　　　　　　　表1-4

燃气事故能源种类	天然气	液化石油气	气源待核实
事故数量（起）	270	450	82
事故率（起/10万户）	0.023	0.794	—
事故数量占总比（%）	33.7	56.1	10.2
死亡人数（人）	18	45	3
死亡人数占总比（%）	27.3	68.2	4.5
受伤人数（人）	89	294	104
受伤人数占总比（%）	18.3	60.4	21.3

注：数据来源于《全国燃气事故分析报告（2022年·全年综述）》

　　根据中国城市燃气协会安全管理工作委员会、中国燃气安全杂志社、燃气安全与服务微信公众号发布的《全国燃气事故分析报告（2022年·全年综述）》数据显示，2022年全年收集媒体报道燃气事故数量802起，死亡66人，受伤487人。其中天然气事故270起，媒体报道天然气用户事故率为0.023起/10万户（其中天然气居民用户事故率0.022起/10万户；天然气工商用户事故率 0.068 起/10 万户），事故数量总占比为 33.7%：天然气事故死亡 18 人、受伤 89 人，死亡人数总占比 27.3%，受伤人数总占比 18.3%；液化石油气事故 450 起，媒体报道液化石油气用户事故率为 0.794 起/10 万户（其中液化石油气居民用户事故率 0.639 起/10 万户；液化石油气工商用户事故率 2.747 起/10 万户），事故数量总占比 56.1%；液化石油气事故死亡 45 人、受伤 294 人，死亡人数总占比 68.2%，受伤人数总占比 60.4%。气源待核实事故 82 起，死亡 3 人、受伤 104 人。从上述数据也可以看出，天然气的安全性能比液化石油气更高。

1.2.2 瓶改管可提升生态环境质量

传统能源消耗容易排放大量 CO_2，造成地球气候升温引发各种自然灾难，在人类居住的家园，全体人类有义务共同阻止过量 CO_2 排放，竭尽所能维护赖以生存"蓝天、碧水、净土"。2020 年 9 月，习近平主席在第七十五届联合国大会一般性辩论上提出中国将采取更加有力的政策和措施，二氧化碳排放力争于 2030 年前达到峰值，努力争取 2060 年前实现碳中和。

人类文明是不断在比较中发展前进的，在世界能源更替发展史中，19 世纪末煤炭实现了代替木材，20 世纪 60 年代末期实现了石油代替煤炭。从世界范围来看，天然气目前在一次能源消费中所占的比例居第三，仅次于石油和煤炭，所占比例约为 25%。国际机构普遍预测，2035 年前，天然气在一次能源消费中所占比例将持续增加。随着全球天然气消费比重上升，预计到 2043 年，天然气将取代石油成为世界主要能源。数据统计显示：相同重量能源物质产生的 CO_2 排放量，天然气：石油为 0.67：1；天然气：煤炭排放为 0.44：1。天然气与煤产生污染物的比例为：灰为 1：148，SO_2 为 1：2700，NO_x 为 1：29。数据显示，天然气是世界公认的低碳、清洁、环保、高效、优质燃料，几乎不含硫、粉尘和其他对人生命和身体有害物质，燃烧时产生二氧化碳少于其他化石燃料，造成温室效应较低，素有"绿色能源"之称，因而能从根本上改善环境质量，目前世界上大多数国家都将天然气列为首选燃料。为此通过瓶改管，发展城市管道天然气，逐步淘汰高污染能源及落后产能，提高全产业及民用天然气普及率，达到保护环境，实现生态平衡，是"功在当代、利在千秋"之百年大计。

1.2.3　瓶改管可推动城市能源结构改善

天然气、石油、煤炭已并列成为世界三大能源支柱。天然气的碳排放量远低于煤和石油,在当前全球低碳经济转型的大背景下,天然气将成为全球主要能源来源。在"双碳"目标下,天然气是促进经济增长、实现可持续发展的重要物质基础。根据国家能源局印发的《2021 年能源工作指导意见》:统筹推进能源资源开发与生态环境保护协调发展,不断推动实现能源绿色低碳转型。该意见首次明确,煤炭消费比重要下降到 56% 以下,比此前的水平进一步降低。天然气消费比重正在上升趋势。但近 10 年来数据统计,在我国天然气产量年均增长 13%,天然气消费量年均增长 16%。目前,天然气在我国一次能源消费构成中比重仍不足 5%,与世界平均水平的 24.4% 相差甚远。因此,应大力开拓天然气消费的新市场,以加快我国能源消费结构的优化与改变。21 世纪上半叶,是我国天然气大发展的时期,天然气将在改善我国能源结构、推动低碳经济发展中发挥重要作用。

目前,我国管道天然气普及率远低于世界发达国家,主要原因是天然气基础设施薄弱,天然气干线管道密度远低于世界平均水平。从天然气管线长度与国土面积比重角度看,截至 2017 年底,美国、法国和德国的天然气干线管道密度分别高达 44.7m/km²、67m/km² 和 106.4m/km²,我国的天然气干线管道密度为 7.3m/km²,约为美国的 1/6、法国的 1/10 和德国的 1/15。

1.2.4　瓶改管可提升市民生活品质

管道天然气即开即用,24h 稳定供应,没有使用过程中突然中断供气和背气瓶上楼、更换钢瓶等烦恼。同时天然气因具有无毒、易散发、供应稳定等特点,使用方法多样化,居民可同步同时用于取暖、炊事、洗漱(澡),并且可根据自身需求调控使用,做到温度可调,使用范围可控。相比罐装液化气使用天然气做饭还省去大量的人力劳动和维修、维护费用支出,使用非常经济实惠。

1.2.5　典型案例

2023 年 6 月 21 日,银川市兴庆区富洋烧烤店发生燃气爆炸事故。经查,烧烤店总店长海某(已死亡)、工作人员李某翔(已死亡)违反有关安全管理规定，擅自更换与液化气罐相连接的减压阀，导致液化气罐中液化气快速泄漏，引发爆炸。截至 2023 年 6 月 22 日 8 时，事故造成 31 人死亡、7 人受伤的特别严重后果。

事故发生后，党和国家领导人高度重视并作出重要指示，宁夏银川市兴庆区富洋烧烤店发生燃气爆炸事故，造成多人伤亡，令人痛心，教训深刻。要全力做好伤员救治和伤亡人员家属安抚工作，尽快查明事故原因，依法严肃追究责任。各地区和有关部门要牢固树立安全发展理念，坚持人民至上、生命至上，以"时时放心不下"的责任感，抓实抓细工作落实，盯紧苗头隐患，全面排查风险。近期有关部门要开展一次安全生产风险专项整治，加强重点行业、重点领域安全监管，有效防范重特大生产安全事故发生，切实保障人民群众生命财产安全。

1.3 瓶改管的政策

2017—2021 年瓶改管部分相关政策文件见表 1-5。

2017—2021 年瓶改管部分相关政策文件　　　　　　　　表 1-5

发文单位	发文年份	文件名称
国务院	2017 年	《深化石油天然气体制改革的若干意见》
国家发展和改革委员会等 13 部门	2017 年	《加快推进天然气利用的意见》
国务院	2018 年	《国务院关于促进天然气协调稳定发展的若干意见》
中央全面深化改革委员会	2023 年	《关于进一步深化石油天然气市场体系改革提升国家油气安全保障能力的实施意见》
广东省人民政府办公厅	2021 年	《广东省加快推进城市天然气事业高质量发展实施方案》
广州市人民政府办公厅	2021 年	《广州市加快推进城镇燃气事业高质量发展三年行动方案（2021—2023 年）》
深圳市人民政府办公厅	2021 年	《深圳市全面实施"瓶改管"工作的攻坚计划（2021—2023 年）》
中山市人民政府办公厅	2021 年	《中山市加快推进城市居民天然气建设工作方案》

1. 国家级文件

（1）《深化石油天然气体制改革的若干意见》

2017 年 5 月，中共中央、国务院印发《深化石油天然气体制改革的若干意见》，明确了深化石油天然气体制改革的指导思想、基本原则、总体思路和主要任务。《深化石油天然气体制改革的若干意见》强调，深化石油天然气体制改革要坚持问题导向和市场化方向，体现能源商品属性；坚持底线思维，保障国家能源安全；坚持严格管理，确保产业链各环节安全；坚持惠民利民，确保油气供应稳定可靠；坚持科学监管，更好发挥政府作用；坚持节能环保，促进油气资源高效利用。《深化石油天然气体制改革的若干意见》部署了八个方面的重点改革任务。一是完善并有序放开油气勘查开采体制，提升资源接续保障能力。二是完善油气进出口管理体制，提升国际国内资源利用能力和市场风险防范能力。三是改革油气管网运营机制，提升集约输送和公平服务能力。四是深化下游竞争性环节改革，提升优质油气产品生产供应能力。五是改革油气产品定价机制，有效释放竞争性环节市场活力。六是深化国有油气企业改革，充分释放骨干油气企业活力。七是完善油气储备体系，提升油气战略安全保障供应能力。八是建立健全油气安全环保体系，提升全产业链安全清洁运营能力。

（2）《加快推进天然气利用的意见》

2017 年 6 月 23 日，国家发展和改革委员会、科学技术部、工业和信息化部、财政部、国土资源部、环境保护部、住房和城乡建设部、交通运输部、商务部、国务院国有资产监督管理委员会、国家税务总局、国家质量监督检验检疫总局、国家能源局联合印发《加快推进天然气利用的意见》，提出：要充分认识加快推进天然气利用的重要意义。天然气是优质高效、绿色清洁的低碳能源，并可与可再生能源发展形成良性互补。未来一段时期，我国天然气供需格局总体宽松，具备大规模利用的资源基础。加快推进天然气利用，提高天然气在一次能源消费中的比重，是我国稳步推进能源消费革命，构建清洁低碳、安全高效的现代能源体系的必由之路；是有效治理大气污染、积极应对气候变化等生态环境问题的现实选择；是落实北方地区清洁取暖，推进农村生活方式革命的重要内容；并可带动相关设备制造行业发展，拓展新的经济增长点。

（3）《国务院关于促进天然气协调稳定发展的若干意见》

2018 年 8 月 30 日，国务院印发《国务院关于促进天然气协调稳定发展的若干意见》，提出三项基本原则。①产供储销，协调发展。促进天然气产业上中下游协调发展，构建供应立足国内、进口来源多元、管网布局完善、储气调峰配套、用气结构合理、运行安全可靠的天然气产供储销体系。立足资源供应实际，统筹谋划推进天然气有序利用。②规划统筹，市场主导。落实天然气发展规划，加快天然气产能和基础设施重大项目建设，加大国内勘探开发力度。深化油气体制机制改革，规范用气行为和市场秩序，坚持以市场化手段为主做好供需平衡。③有序施策，保障民生。充分利用天然气等各种清洁能源，多渠道、多途径推进煤炭替代。"煤改气"要坚持"以气定改"、循序渐进，保障重点区域、领域用气需求。落实各方责任，强化监管问责，确保民生用气稳定供应。

（4）《关于进一步深化石油天然气市场体系改革提升国家油气安全保障能力的实施意见》

2023 年 7 月 11 日，中央全面深化改革委员会第二次会议审议通过了《关于进一步深化石油天然气市场体系改革提升国家油气安全保障能力的实施意见》。针对石油天然气，要围绕提升国家油气安全保障能力的目标，针对油气体制存在的突出问题，积极稳妥推进油气行业上、中、下游体制机制改革，确保稳定可靠供应。进一步深化石油天然气市场体系改革，加强产供储销体系建设。加大市场监管力度，强化分领域监管和跨领域协同监管，规范油气市场秩序，促进公平竞争。深化油气储备体制改革，发挥好储备的应急和调节能力。

一直以来，储气调峰是天然气产业链上最薄弱的环节。为补齐储气短板，2018 年 4 月，国家发展改革委、国家能源局出台了《关于加快储气设施建设和完善储气调峰辅助服务市场机制的意见》。近年来，天然气储备能力明显提高，但责任划分仍不够清晰，运营机制仍有待完善。近两年欧洲能源危机并未造成严重的天然气供应短缺，很大原因是欧洲拥有较为完善的油气储备体系，这对提高我国油气供应安全具有重要借鉴意义。

2. 省级文件（以广东省为例）

2021 年 5 月 10 日，广东省人民政府办公厅印发《广东省加快推进城市天然气事业高质量发展实施方案》（粤府办〔2021〕12 号），提出：拓展城市天然气消费规模，着眼推动能源转型升级，加大天然气在民用、工业、商业以及交通等领域推广使用力度，进一步扩大天然气利用范围和消费规模，推进瓶改管工程。按照应改尽改、能改都改的原则，推动供气管网已经覆盖的老旧小区、城中村等居民用户，以及餐饮、酒店等商业单位和公共建筑用户开通使用天然气，支持有条件的地级以上市在主城区强制推行公共建筑用户、商业单位瓶改管。各地级以上市要按照"政府支持、企业让利、个人负担"相结合的方式，出台瓶改管鼓励政策措施，鼓励城市燃气企业推出瓶改管优惠措施，如针对小微商业用户的"一口价"套餐式收费标准、分期付款计划等。

3. 地市级文件

广州市：自 2014 年开始，广州市政府先后制定了"三年发展计划"
和"三年提升方案"，这两份文件的主要目标，都是全面推进管道天然气
的使用，提高管道天然气覆盖率，其中，对于原来气源为瓶装液化气的用
户，则采用加装天然气管道的方式，将符合加装条件的用户气源改成管道
天然气。

深圳市：深圳市人民政府办公厅印发《深圳市全面实施"瓶改管"工
作的攻坚计划（2021—2023 年）》（深府办函〔2021〕98 号）、《深圳市加
快推进城市天然气事业高质量发展实施方案》（深府办函〔2021〕99 号）
等文件，明确提出各地要积极推进管道天然气利用，实施瓶改管工程。

中山市：2021 年 6 月，中山市制定《中山市加快推进城市居民天然
气建设工作方案》（中府函〔2021〕141 号）。到 2023 年 12 月，全市城市
居民天然气普及率达到 70%以上；到 2024 年 12 月，中心城区（包括大涌
镇、沙溪镇）居民天然气普及率达到 90%以上，城市天然气利用规模进
一步扩大，城市供气管网基本实现全覆盖。

此外，北京、杭州、西安等城市也大力推广管道天然气使用。

第 2 章　瓶改管主要户型
　　　　　特点及设计要求

瓶改管主要集中在城中村和老旧住宅小区。由于历史原因,城中村缺乏统一、科学的规划建设,房屋楼间距小,巷道埋地管道多,管位紧张,户内户型结构复杂,卫生间和厨房通风不良,暗厨房多;老旧住宅小区由于投入使用时间长,反复装修,户型结构改动大,屋顶违规搭建情况普遍。这些客观因素给瓶改管工程设计、施工和运行维护带来较大困难,必须要逐楼逐户开展设计勘察,详细掌握户型结构特点和设计、施工难点,严格按照《城镇燃气设计规范(2020 年版)》GB 50028—2006 等开展设计、施工和供气管理。

2.1 瓶改管的主要用户类型和特点

2.1.1 常规户型

常规户型即厨房和卫生间都有单独的门和与外界相通的窗,是管道供气最常见、最成熟的户型,这类户型用气环境较好,设计、施工相对简单。

2.1.2 非常规户型

除常规户型外,在城中村还存在大量结构复杂的户型,这些非常规的户型,大多具有厨房和客厅等未做完全隔断、用气场所通风不良等特点,主要包括以下 6 类:

(1) 户型 1 的厨房与卧室有隔断门,厨房与卫生间无隔断门,厨房有敞开阳台(图 2-1)。

(2) 户型 2 为开放式厨房(厨房与餐厅、客厅无隔断),厨房无窗户(图 2-2)。

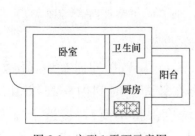

图 2-1　户型 1 平面示意图

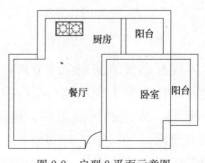

图 2-2　户型 2 平面示意图

（3）户型 3 的厨房与卧室无隔断门，厨房与卫生间无隔断门，且厨房与卫生间之间的隔断墙到顶，卫生间有窗户（图 2-3）。

（4）户型 4 与户型 3 基本相同，唯一区别为厨房与卫生间之间隔断墙未到顶（图 2-4）。

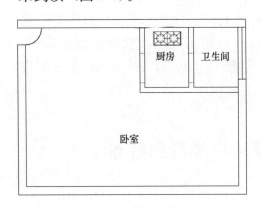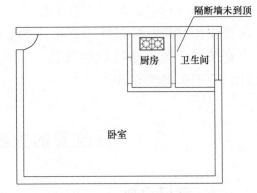

图 2-3　户型 3 平面示意图　　　　　　图 2-4　户型 4 平面示意图

（5）户型 5 的厨房与卧室无隔断门，厨房与卫生间无隔断门，厨房有窗户（图 2-5）。

（6）户型 6 与户型 5 相似，区别在于厨房与卧室无隔断，不具备安装隔断门的条件，厨房与卫生间有隔断门，且灶台安装位置与户型 5 不同（图 2-6）。

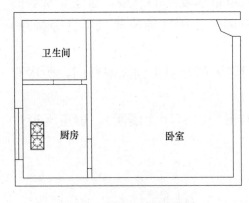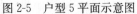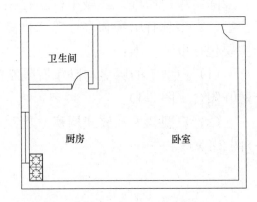

图 2-5　户型 5 平面示意图　　　　　　图 2-6　户型 6 平面示意图

经过燃气泄漏安全性分析，得出如下结论：

对比户型 1 和其他户型模拟结果可以发现，厨房直接连通室外（例如户型 1），发生燃气泄漏后，厨房燃气浓度会在较短的时间内（2～7min，随着泄漏口径减小，时间延长）趋于平衡（浓度保持不变），接近全口径泄漏时，平衡浓度值才会位于爆炸极限范围内。因此，建议厨房尽可能开设通向室外的门窗。

对比户型 3 和户型 4 模拟结果可以发现，卫生间（泄漏源）与厨房之间的隔断不到顶部会加快燃气进入厨房，但是会稍微减缓燃气进入卧室（达到爆炸下限的时间相差约 5%）。因此，隔断是否到顶对卧室区域安全影响不大。

对比户型 1 和其他户型模拟结果可以发现，厨房与卧室之间的门（门缝高 20mm）可以使卧室内燃气浓度达到爆炸下限的时间延迟 7min 以上。因此，建议厨房与卧室之间安装隔断门，且尽可能提高隔断门的密闭性。

对比户型 5 和户型 6 模拟结果可以发现，灶台的位置和尺寸影响燃气的扩散走向，户型 6 因灶台向卧室方向延伸较长，导致厨房燃气贴地面向卧室蔓延，这一现象加快了卧室监测点处浓度达到爆炸下限的时间（约加快 1min），同时延迟了厨房燃气报警处浓度达到动作阈值的时间（延迟 1 倍时间）；户型 5 因厨房与卫生间之间未安装门，卫生间区域充当了厨房燃气进入卧室的缓冲区，延长了厨房燃气直接进入卧室的时间。因此，建议该类户型的灶台应沿远离卧室侧墙壁布置。

对比户型 3、户型 4 和户型 5、户型 6 模拟结果可以发现，由于灶台的阻挡和对燃气的聚集作用，会导致报警器响应时间延迟 1 倍（报警器附近燃气浓度到达阈值的时间延长 1 倍）。因此，建议在布置报警器时应充分考虑灶台的位置，报警器避免安装在灶台正上方，兼顾燃气从灶台下方泄漏的情况。

对比泄漏口径 5mm、10mm 和 15mm 模拟结果可以发现，泄漏口径为 10mm 时是拐点，尽量避免造成 10mm 以上口径的泄漏。因此，建议采用金属连接软管或者金属包覆软管，防止鼠咬，降低大口径破损的概率。

2.1.3 户型改造方案

根据以上结论和建议，针对 6 个城中村户型，梳理各个户型的不利因素，提出非常规户型改造方案，见表 2-1。

非常规户型改造方案 表 2-1

户型	户型描述	不利因素	改进方案
户型 1	厨房与卧室有隔断门，厨房与卫生间无隔断门，厨房有敞开阳台	厨房与卧室之间的隔断门不完全密闭	提高厨房与卧室之间隔断门的密闭性

续表

户型	户型描述	不利因素	改进方案
户型 2	开放式厨房（厨房与餐厅、客厅无隔断），厨房无窗户	1. 厨房与餐厅、客厅之间无隔断门； 2. 厨房无窗户	厨房开窗，加强通风
户型 3	厨房与卧室无隔断门，厨房与卫生间无隔断门，且厨房与卫生间之间的隔断墙到顶，卫生间有窗户	1. 厨房与卧室之间无隔断门； 2. 厨房无窗户	1. 厨房与卧室之间安装隔断门，且尽可能提高隔断门的密闭性； 2. 卫生间窗户保持常开
户型 4	厨房与卧室无隔断门，厨房与卫生间无隔断门，且厨房与卫生间之间的隔断墙未到顶，卫生间有窗户	1. 厨房与卧室之间无隔断门； 2. 厨房无窗户	1. 厨房与卧室之间安装隔断门，且尽可能提高隔断门的密闭性； 2. 卫生间窗户保持常开
户型 5	厨房与卧室无隔断门，厨房与卫生间无隔断门，厨房有窗户	厨房与卧室之间无隔断门	1. 厨房与卧室之间安装隔断门，且尽可能提高隔断门的密闭性； 2. 厨房窗户保持常开
户型 6	厨房与卧室无隔断，厨房与卫生间有隔断门，厨房有窗户	1. 厨房与卧室之间无隔断门； 2. 灶台安装在靠近卧室侧	1. 厨房与卧室之间安装隔断门，且尽可能提高隔断门的密闭性； 2. 厨房窗户保持常开； 3. 灶台安装在远离卧室侧

2.2　瓶改管工程主要相关技术规范

瓶改管工程属于燃气工程，应严格执行《燃气工程项目规范》GB 55009—2021、《城镇燃气设计规范（2020 年版）》GB 50028—2006、《城镇燃气输配工程施工及验收标准》GB/T 51455—2023、《城镇燃气室内工程施工与质量验收规范》CJJ 94—2009 等国家和行业标准，以及当地地方标准和当地城市燃气企业的企业标准。

2.2.1　设计依据

（1）《燃气工程项目规范》GB 55009—2021；

（2）《城镇燃气设计规范（2020 年版）》GB 50028—2006；

（3）《建筑机电工程抗震设计规范》GB 50981—2014；

（4）《城镇燃气输配工程施工及验收标准》GB/T 51455—2023；

（5）《聚乙烯燃气管道工程技术标准》CJJ 63—2018；

（6）《城镇燃气室内工程施工与质量验收规范》CJJ 94—2009；

（7）当地省、市地方标准；

（8）当地城市燃气企业标准。

2.2.2 总体设计要求

（1）瓶改管工程设计应严格执行现行国家及行业标准和相关规定，在保证安全可靠的基础上，结合城中村及老旧住宅小区、非居民用户供气实际情况，宜采用调压柜区域调压的方式供气。通过技术经济比较，合理选择燃气管道的压力级制，合理布置燃气管网及选择管径，并根据现场条件预留非居民用户燃气管道，遵循压力级制一致性原则统一调压。

（2）瓶改管工程的设计范围应涵盖自市政气源接驳点起至用户燃烧器具接口处止的所有燃气管道及设施，入户设计须涵盖所有符合要求以及安全供气条件的户型，入户后，用户燃气管道管位应尽量布置在室内。

（3）对于不符合本章 2.2.1 节中相关规范要求以及安全供气条件的房屋和用气场所，不应设计燃气管道，具体如下：

1）用气点空间不满足规范要求的；

2）不符合设计规范安全间距要求、无法安装布置管位及设备设施的；

3）暗厨房、洗手间等。对于经过改造可安装管道天然气的用户，如开放式厨房等，应进行设计。

（4）对于厨房和洗手间两个用气点仅有一个符合设计要求的情况，设计原则如下：厨房符合设计要求，洗手间不符合设计要求的，将洗手间用气点预留在阳台或厨房；洗手间符合设计要求，厨房不符合设计要求的，仅设计洗手间一个用气点。

（5）设计单位应将不具备安装管道天然气的用户清单以及经过改造可安装管道天然气的用户清单（含改造要求），报送建设单位，由建设单位（政府部门）协调用户改造房屋结构后安装。

（6）地下燃气管道设计前，应进行物探，确定地下管线情况，合理设计埋地燃气管道。

（7）设备、材料选用应符合国家、行业和地方标准，以及当地城市燃气企业相关规定。

（8）流量表优先采用分户户内挂表的方式设计，无分户挂表条件的，可采用室外分户或集中挂表的方式。

（9）调压柜位置确定后应与城中村或老旧住宅小区相关权属人确认，

并取得相应的书面授权使用文件，调压柜内宜安装管道压力监控设备。

（10）地上燃气管道需标明警示色及流向等。

（11）地上燃气管道应尽量远离有车辆经过区域，红线内机动车道沿线出地管需加装防撞设施，图 2-7 为出地燃气管道防撞装置。

图 2-7 出地燃气管道防撞装置

（12）横跨楼栋燃气管道宜设置在 4.2m 以上，并设置限高警示。对 3.5m 高度以下横跨楼栋的燃气管道做好防撞装置和限高警示标志牌；对 3.5m 高度以下沿外墙敷设在机动车道两侧楼栋拐角处和存在经常性停车卸货的楼栋管道做好防撞措施。

（13）餐饮等行业的生产经营单位实施瓶改管时，应设计安装可燃气体报警装置。

2.2.3 施工图设计深度要求

1. 设计文件的组成

（1）楼栋设计文件组成：封面、图纸目录、设计说明书、设备材料表、燃气管道平面图、燃气管道系统图、大样图、出地管位置图（庭院和地上分开设计，地上燃气管道先行设计的项目）等。

（2）庭院设计文件组成：封面、图纸目录、设计说明书、设备材料表、燃气管道平面布置图、局部管道安装详图、调压设备安装图、基础图等。

2. 设计说明内容

包括设计、安装、试压、验收说明及要求。应给出设计依据、工程概况（庭院与楼栋分开设计的应作详细描述）、居民和商业用户的用气量指标及总用气量、选用的调压设施、系统总阻力、主要设备和材料、强度和严密性试验具体数值并符合城市燃气企业文件说明等。

3. 庭院总平面图

应有指北针、设计比例、项目区位图、图例、说明、楼号（设计户数）、接驳点（设计起点）、节点坐标、管道埋深、管径、三通、变径、管沟保护、出地管阀门规格型号，调压柜基础图，调压设备安装图，出地管大样图、阀门安装大样图、局部管道安装详图等。

4. 楼栋跨接的公共管道和楼栋平面图

应有指北针、设计比例、楼栋位置图、图例、说明、各楼层的平面图、设计起点、相关的房间名称、需改造部分的内容及要求、燃气表、灶具、热水器、管径等。

5. 系统图

注明各楼层及燃气入户支管标高、管径、燃气设施的规格、各类户型系统图。

6. 大样图（与图面有关的）

（1）庭院管道：出地管大样图、出地阀门安装大样图、埋地阀门安装大样图、埋地阀门操作井施工图、调压设施安装大样图、调压设施基础图等、各类路面恢复示意图、管沟大样图等。

（2）地上管道：跨楼栋钢梁保护大样图、穿墙大样图、防撞设施大样图等。

7. 材料表（应与图纸相符，按楼栋统计）

（1）埋地管道：调压设备、阀门、管材、管件、钢塑转换、电子标签、塑料保护板、套管、管沟保护、防腐材料等。

（2）地上管道：燃气表（优先选用智能表）、阀门（螺纹球阀、法兰阀、自闭阀）、管材（普通、厚壁、金属软管）、管件、免维护活接头、套管、阀门箱、防撞护栏、防腐材料等。

2.2.4　设计图纸表述要求

（1）材料表中的管材、设备材料等数量与图纸中的材料数量应保持一致。

（2）流量表安装位置除遵循设计要求外，还应与城市燃气企业要求一致，且与现场相符。

（3）暗厨房、内洗手间不得设计预留用气点。

（4）楼栋阀门和放散阀门应明确设计安装位置和数量，且与城市燃气企业要求一致。

（5）瓶改管工程高处作业应采用脚手架、机械吊篮或高处作业车，尽量用脚手架实施高处作业，严禁使用移动脚手架。

（6）对于现场条件无法采用机械吊篮施工的楼宇，设计单位须列明楼栋清单并在图纸中明确。

（7）在地下管道设计时，如遇到构筑物且间距不满足要求时，设计套管或管沟。对地下不可预见的管道，按 5％ 比例设计套管或管沟。

（8）地上燃气管道丝扣连接、焊接、卡压式连接应明确标注并符合现场条件。

（9）需要焊接的立管应与支管保持 2 个以上型号的差距，避免安装三通带来过多的焊口。

2.2.5　概算编制要求

设计单位应按要求编制城市燃气瓶改管项目概算书，具体编制要求见第 5 章。

2.2.6　图纸会审及概算审定

（1）瓶改管工程施工图设计完成后，宜交城市燃气企业审核供气方案，城市燃气企业提出相关意见，并出具气源接驳点示意图，设计单位应按照城市燃气企业的要求进行修改。

（2）概算编制完成后，建设单位委托第三方咨询公司对设计概算进行审核。

（3）完成瓶改管工程设计图纸、概算审核工作，建设单位将设计成果送当地发改部门申报项目概算。

2.2.7 设计人员现场技术指导

(1) 在进行技术交底时，建设单位需组织技术交底各方，抽取部分样板户型进行现场交底，设计单位在现场对设计要求进行确认。

(2) 设计人员根据现场情况和城中村或老旧住宅小区改造户数确定每周到现场的次数，与施工单位解决现场问题。

(3) 施工单位出具工程联系单，作为设计变更依据，联系单需监理、设计单位共同确认，报建设单位审批后由设计单位出具设计变更。

(4) 户内管道安装时，设计单位应对每条立管及户内管道安装工程进行抽查，确定安装工程是否符合设计要求。

(5) 在施工过程中因方案调整需要变更气源接驳点位置或调压柜位置等重大变更时，建设单位应协调城市燃气企业变更气源接入点，气源接入点变更后，设计单位进行相应图纸变更。如市政气源未配套到位的，建设单位应协调城市燃气企业同步配套建设红线外市政燃气管道。

(6) 设计单位应按要求参加技术交底、竣工验收等活动。

2.2.8 设计单位考核

(1) 建设单位对设计单位施工图设计深度、图纸表述、概算编制要求等工程成果纳入日常考核。

(2) 对于设计单位是否按期完成施工图设计、是否根据意见按期完成图纸修改、是否按期完成概算编制纳入设计单位考核。

(3) 设计单位相关人员应在建设单位备案，如发生设计、概算编制人员变更，应及时报建设单位更新。

2.3 案例解析——某城中村优化埋地燃气管道设计方案

2.3.1 案例概况

某城中村瓶改管工程在图纸会审及技术交底时，监理工程师发现部分调压箱后每条巷道内均设计有埋地燃气管。考虑村内的巷道狭窄，且埋设的其他专业管线较多，监理工程师根据经验判断后续巷道内可能会出现埋地燃气管没有位置可敷设的情况，提出经调压箱调压后的低压埋地燃气管主管道负责供应巷道两侧的楼栋用气，即隔巷预留低压燃气主管道的建议，并得到设计单位、建设单位、监理单位、施工单位同意，随即设计单位根据此建议对埋地燃气管道进行设计优化，此举大大推进该改造项目的施工进度。

同时，该村位于 C 路与 D 路中间，村内现敷设有一条 DN200 中压埋地燃气管，用于连接 C 路与 D 路。原设计文件为降低工程的接驳造价，将接驳点设置在该段管道中间位置，并在已有 DN200 中压管段旁再开挖敷设一条 DN200 中压燃气管。该方案在施工阶段存在破坏已有燃气管道的安全隐患，双管道并行对后续安全供气和运行管理也带来困难。经监理工程师与城市燃气企业运维人员协调，设计单位对该设计方案进行了优化，取消新建 DN200 中压燃气管道，新增 3 处市政中压接驳点，避免在带气燃气管道旁施工，并减少地下管道控制阀门的数量，有利于城中村燃气管道的安全运行和管理。

2.3.2　案例详述

1. 优化隔巷敷设低压燃气主管道

某城中村瓶改管工程于 2019 年 5 月 14 日进行图纸会审及技术交底工作，楼栋排列整齐规范，共 236 栋，燃气设计总户数为 4674 户。因城中村环境条件的限制，该工程全部采用低压管道供气。

低压埋地公共管道从每条巷道的调压箱出口处入地敷设至巷道末端，从低压埋地公共管道引入至每栋居民楼。然而城中村内巷道狭窄，已埋设的其他专业管线较多。监理工程师根据其他类似项目的管理经验提出，后续巷道内出现埋地燃气管没有位置可以敷设的概率极大，同时出现埋地燃气管道与其他专业管线的安全间距不符合要求且又无法采取保护措施等情况，将极大影响工程施工的进度。

对此，监理工程师提出经调压箱调压后的低压埋地管主管道负责供应巷道两侧的楼栋用气，即采用隔巷敷设低压燃气主管道的建议。该方案有利于在施工过程中的质量控制，减少燃气开挖管沟的长度，有利于加快施工进度，同时降低工程造价。经设计单位同意后，设计单位对设计方案进行了优化，经过优化后的设计方案得到建设单位肯定，图 2-8 为原设计低压埋地管敷设方案示意图，图 2-9 为优化后的低压埋地管敷设方案示意图。

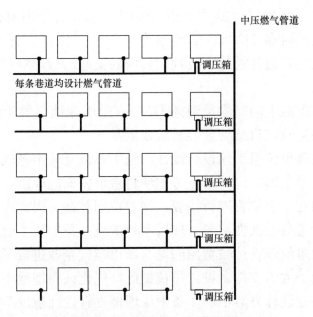

图 2-8　原设计低压埋地燃气管敷设方案示意图

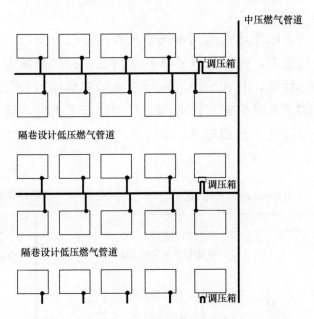

图 2-9　优化后的低压埋地燃气管敷设方案示意图

2. 优化与带气市政管网接驳

原方案存在以下问题：

（1）在现有 *DN*200 的带气管线旁平行开挖敷设另外一条 *DN*200 管道时，施工过程中将给带气燃气管道带来安全隐患。

（2）该段道路为村内的主干道，道路上已有大量的其他专业管线敷设，若同时敷设两条 DN200 的埋地燃气管道，将存在无管位敷设的问题。同时，燃气管道开挖施工过程对村内的交通出行影响较大，易造成居民投诉等问题。

（3）同一条路上同时敷设两条 DN200 中压埋地燃气管道，不利于后续安全供气和运营，后续管理容易造成混乱。

为此，监理单位组织建设、设计、施工单位及城市燃气企业针对该问题进行协调，经了解，设计单位考虑项目造价方面的原因，利用现有中压埋地管道必须在 4 个位置进行接驳，接驳费用较高，因此决定在带气主管道的中间位置进行一次性接驳，然后平行敷设一条中压主管用于供气。监理单位、建设单位等就接驳费用问题与城市燃气企业进行了沟通，城市燃气企业对此给予大力支持。设计单位据此，优化该段埋地中压燃气管道的设计方案，将原设计方案中的 4 条中压埋地支管设计敷设至带气中压埋地管的 1m 范围内，增加 3 处接驳点，对已有 DN200 中压主管道进行充分利用。

经过优化的中压埋地管道与带气市政管网接驳方案，一是避免在带气燃气管道旁开挖施工，确保带气管线的运行安全；二是减少埋地中压燃气管道控制阀门的数量，有利于燃气输配系统的安全运行和管理；三是方案优化以后，提供了充足的施工作业面，可加快施工进度，确保工程按期完成；四是进一步降低了建设成本，图 2-10 为优化后市政中压燃气管道接驳点示意图。

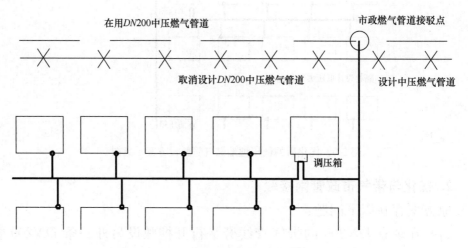

图 2-10　优化后市政中压燃气管道接驳点示意图

2.3.3 分析和启示

城中村瓶改管工程大多采用低压入户供气，从调压柜或调压箱出口以低压燃气配送至用户户内。为保障用户高峰期用气需求，低压埋地燃气管道管径较大，需要足够宽度的管位，在城中村敷设难度极大。该工程通过优化项目埋地燃气管道设计方案，规避管位不足的风险，并获得诸多收益，得到以下启示：

（1）燃气设计方案要结合实际情况。设计方案对施工、监理及后续的运行安全有特别重要的指导作用，因此在施工前对设计方案审核时，各单位应提出优化意见，在源头优化设计方案、提升设计文件质量。

（2）充分理解设计思路及理念。各单位应充分利用图纸会审及技术交底工作环节，监理单位应汇总各参建方及城市燃气企业的意见，在设计单位进行设计思路及图纸内容释疑过程中，了解设计人员的思路及理念，为后续施工管理及质量安全控制做好准备。

（3）设计方案需考虑在用燃气管网安全。在有效保证现有带气管网的运行安全下，建设单位应组织设计、施工、监理等多方力量，优化设计方案，降低对现有燃气管道的影响，并充分考虑对现有燃气管道的利用。

第 3 章　瓶改管资金筹措

第 3 章　城乡留资金筹措

资金是瓶改管工程实施的基础保障，瓶改管工程是民生工程和安全工程，也是城市基础设施工程。工程集中投入大、社会效益高，但经济效益低，推行瓶改管宜优先选择以政府投资为主的筹资方案，兼顾城市燃气企业投资和个人出资，多渠道、多方式筹集瓶改管资金。

3.1 瓶改管的资金组成

瓶改管工程全过程资金费用包括工程前期建设费用、中期建设费用和后期运维费用等。

（1）瓶改管工程前期建设费用主要是可行性研究报告编制费用，由建设单位出资，委托设计单位编制。可行性研究报告编制费用也可纳入中期工程建设费用中。

（2）瓶改管工程中期建设费用包括工程建设费用及其他费用。瓶改管工程建设费用包括红线外市政配套燃气管道建设费用、红线内燃气管道及设施费用（含户内管道设施、非居民用户管道设施投资建设费用）；其他费用包括措施费、规费等。

（3）瓶改管工程建设后期涉及燃烧器具改造或购置费用、供气运维费用等，瓶改管工程项目建设费用组成如表 3-1 所示。

瓶改管工程项目建设费用组成 表 3-1

项目阶段	费用明细	说明
前期	可行性研究报告编制费用	可行性研究报告由建设单位（一般为政府相关部门）委托设计单位出具
中期	工程建设费用	红线外市政配套燃气管道建设费用、红线内燃气管道及设施费用（含户内管道设施、非居民用户管道设施投资建设费用）
	其他费用	居民部分燃气工程措施费、规费等
后期	燃烧器具费用	由于液化石油气与管道天然气成分不同，所适配的炉具、热水器等燃烧器具规格不同，瓶改管后需对原有燃烧器具进行改造或购置新的适配管道天然气的燃烧器具
	供气运维费用	供气点火人工费用，安检、抄表、抢（维）修等运维费用

瓶改管工程建设前期费用较少，本章不作特别介绍，以下对工程建设中期和后期相关费用作具体介绍。

3.2 瓶改管工程建设中期费用

3.2.1 红线外市政配套燃气管道建设费用

红线外市政配套燃气管道建设费用包括地下部分分部分项工程量费用、措施费、规费等。

（1）地下部分分部分项工程量费用包括聚乙烯燃气管、钢质闸板阀、阀门井、放散阀井、管沟挖土方、外运、换填石粉渣、拆除混凝土路面、恢复混凝土路面、现场围挡、接驳费、安装与生产同时进行等费用。以某市政道路燃气管道工程为例，分部分项工程量清单如表3-2所示。

某市政道路燃气管道分部分项工程量清单 表3-2

序号	项目名称	计量单位	工程量
1	聚乙烯燃气管 $D160 \times 9.1mm$	m	760
2	聚乙烯燃气管 $D90 \times 8.2mm$	m	70
3	钢质闸板阀 $PN1.0$，$DN150$ 带 PE 接头	个	1
4	阀门井	座	1
5	放散阀井	座	2
6	管沟挖土方、外运、换填石粉渣	m	850
7	拆除混凝土路面	m^2	680
8	恢复混凝土路面	m^2	680
9	现场围挡	m	1700
10	接驳费	项	1
11	安装与生产同时进行	项	1

（2）措施费包括安全文明施工措施费（包括临时设施费、安全施工费、文明施工费、环境保护费等）、履约担保手续费、夜间施工费、赶工措施费、冬雨期施工费、已完成工程及设备保护费、地上地下设施及建筑物的临时保护费、混凝土、二次搬运费、大型机械设备进出场及安拆费、施工排水费、降水费、专业工程措施项目费（包括组装平台、设备、管道

施工的防冻和焊接保护措施、压力容器和管道的检验、管道安装后的充气保护措施）以及其他费用。

（3）规费包括社会保险费（包括失业保险费、养老保险费、工伤保险费、医疗保险费、生育保险费等）、住房公积金、工程排污费及其他费用。

3.2.2　红线内燃气管道及设施费用

1. 居民用户瓶改管工程

居民用户瓶改管红线内燃气管道及设施费用包括建筑安装工程费用、工程建设其他费用、预备费、代建费等。

建筑安装工程费用包括流量表、旋塞、法兰球阀防尘螺纹球阀、法兰、镀锌钢管、无缝钢管、调压箱、穿墙套管、热缩防腐套、防撞护栏、钢梁等设备材料及制作安装费用。

工程建设其他费用包括临时设施费、工程设计费、工程勘察费、施工图审查费、竣工图编制费、工程监理费、招标投标交易费、招标代理服务费、工程保险费、工程造价咨询费、前期工作咨询费、水土保持评价费、弃土场收纳弃置费、预审编制费、预审审核费等。

2. 非居民用户瓶改管工程

非居民用户瓶改管工程红线内燃气管道及设备费用包括流量表、过滤器、紧急自动切断阀、紧急自动切断阀配线、螺纹球阀、无缝钢管、穿墙套管、水柱表、燃气报警器、双排脚手架、小型防爆风机、小型风管等设备材料及制作安装费用，以及探伤费、设计费、监理费等。

3.3　瓶改管工程项目建设后期费用

3.3.1　燃烧器具费用

瓶改管工程完工后在通气点火前，需对原有燃烧器具进行改造或购置新的适配天然气的燃烧器具。瓶改管居民用户现有燃烧器具大多已过使用年限，普遍需购置新的燃烧器具，城中村居民（租户）燃气灶具以单头炉为主。非居民用户燃气灶具新购成本高，通过改造继续使用较为普遍，但根据炉具类型、数量，改造费用差别大，市场常见燃烧器具价格如表 3-3 所示。

市场常见燃烧器具价格　　　　　　　　　　表 3-3

分类	品牌/规格	价格区间（元/台）
家用燃气灶具（单眼灶）	方太	198～438
	老板	198～599
	万家乐	198～269
	万和	299～349
	樱雪	109～229
家用燃气灶具（双眼灶）	方太	2000～3000
	老板	498～1299
	万家乐	499～1199
	万和	458～1099
	樱雪	429～699
平衡式热水器	万家乐（12L）	1049～1199
	万家乐（16L）	1499～1899
	AO 史密斯（16L）	1868～4288
	方太（13L）	3199
	方太（16L）	3799～4199
商用燃气灶（带熄火保护）	林越 0.9m 单炒	1985
	林越 1.3m 双炒	3234
	林越 1.5m 双炒	3386
	林越 1.8m 双炒	3971
	猛王 0.9m 单炒	1480
	猛王 1.3m 双炒	3280
	猛王 1.8m 双炒	3580

3.3.2　供气运维费用

瓶改管后期运维费用包括供气点火人工、安检、抄表、抢（维）修等城市燃气企业日常发生的管道燃气运维费用，某市管道燃气运营成本如表 3-4 所示。

某市管道燃气运营成本　　　　　　　　　　表 3-4

项目	综合单价［元/（户·年）］
居民点火运营成本	3
居民抢（维）修用人成本	25
居民电话客服用人成本	2

项目	综合单价［元/(户·年)］
非居民点火抢（维）修用人成本	400
非居民安检抄表用人成本	250
非居电话客服用人成本	120

3.4　瓶改管工程出资方案

　　政府、城市燃气企业、业主（用户）是瓶改管工程的直接相关方。近年来，城市燃气上游价格较高，部分地方居民用气价格倒挂，城市燃气企业投资瓶改管处于亏损状态，无法承担瓶改管的集中投资。而瓶改管终端用户以进城务工人员的租房群体为主，流动性大，房屋业主又不直接享受瓶改管带来的福利，租客和业主双方对瓶改管的投资积极性也不高。因此，瓶改管工程宜由政府投资为主，城市燃气企业和业主（用户）可适当出资，出资比例可根据当地实情，由政府统筹决策。本节以广州、深圳两地为例，介绍瓶改管出资模式，供读者参考。

3.4.1　广州市瓶改管工程出资模式

　　根据《广州市城市管理和综合执法局关于印发广州市进一步推进旧楼居民加装管道燃气优惠奖励政策的实施意见的通知》（穗城管规字〔2021〕5号），广州市以财政奖励的方式，联合城市燃气企业和用户筹集资金。

1. 居民用户瓶改管项目

　　奖励对象：积极参与旧楼加装管道燃气工程建设，给予旧楼居民用户报装优惠价格（用户报装价格最高不超过1200元/户）的城市燃气企业。

　　奖励标准：城市燃气企业按照本实施意见规定的优惠报装价格为用户加装管道燃气的，市、区两级政府按照1000元/户的优惠奖励标准予以奖励，奖励资金参照现行市、区专项资金配套分担比例纳入各级财政预算安排。

2. 餐饮场所瓶改管项目（非居民用户瓶改管）

　　奖励对象及模式：

　　政府负责按照标准奖励调压设施后至商户流量表前的燃气管道设施相应的设计、监理、工程建设等费用。城市燃气企业负责按照省、市有关规定投资建设红线外市政燃气管道、市政管道接驳口至调压设施管道（含调压设施）、流量表及表后户内管道设施（含浓度报警器和电磁阀）。

（1）装表容量在 G25 及以下的餐饮用户管道安装采取"政府奖励、企业减免、用户零出资"的方式进行。

（2）装表容量为 G40、G65 的餐饮用户管道安装采取政府奖励一点、城市燃气企业让利一点、餐饮用户或业主承担一点的"三个一点"方式筹措管道燃气建设资金。

（3）装表容量在 G65（不含）以上的大型餐饮用户管道安装采取企业、用户共同投资的"两个一点"方式筹措管道燃气建设资金。

3.4.2　深圳市瓶改管出资模式

1. 居民用户瓶改管项目

《深圳市老旧住宅区、城中村普及管道天然气工作方案》《深圳市加快推进管道天然气进村入户工作方案》《深圳市全面实施"瓶改管"工作的攻坚计划（2021—2023 年）》等文件中明确了瓶改管工程各方出资内容：

（1）城市燃气企业承担：红线外的市政燃气管道设施建设费用、红线内非居民用户燃气管道建设费用及瓶改管后期运维费用。

（2）业主（房屋产权人）承担：住宅区及城中村红线内的非市政燃气管道设施建设费用由业主（房屋产权人）和政府共同承担，其中业主（房屋产权人）每套房屋承担的费用由各区自行决定，各区居民业主实际出资500～1300 元/户。

（3）政府承担：住宅区及城中村红线内的燃气管道设施建设费用，除业主（房屋产权人）承担的部分外，其余改造资金由各区政府（新区管委会）兜底。

2. 非居民用户瓶改管项目

符合改造条件的非居民用户瓶改管，由城市燃气企业承担燃气管道安装费用。

3.4.3　出资模式对比分析

从广州、深圳瓶改管工程出资政策来看，政府、企业、用户（业主）是瓶改管出资的三方主体，均采用了"三个一点"筹资原则，即政府出资一点、企业出资一点、用户或业主出资一点。

（1）红线外配套的市政燃气管道均由城市燃气企业负责投资建设。

（2）红线内的居民用户瓶改管工程，广州按照政府、企业、用户（业主）三方分摊，其中居民用户最高出资 1200 元/户，政府出资 1000 元/户，剩余资金由城市燃气企业兜底。深圳按照政府、用户（业主）两方进行分摊，居民用户实际出资 500～1300 元/户，略低于广州，剩余资金由政府兜底。此外，广州瓶改管工程用户出资部分可由业主（房东）出资，也可由实际用气人（包括租户）出资，而深圳明确了用户出资部分由业主（房屋产权人）出资。

当然，如居民用户瓶改管规模小，改造的主要受益者为业主本人的地方，由于自住居民用户通过瓶改管可长期直接受益，个人出资改造意愿强，可以由业主本人全额出资改造。如江苏常熟市出台的瓶改管政策，除低保等特定人群可免除瓶改管费用外，其余居民用户按照 2200 元/户的价格申报实施瓶改管。

（3）红线内非居民用户瓶改管工程，深圳由城市燃气企业投资燃气管道设施，用户投资燃烧器具的改造更新；而广州使用"三个一点"的出资模式，除城市燃气企业外，用户和政府分摊部分投资，政府按照装表容量大小给予不同金额的财政奖励作为投资。2022 年前推行实施的瓶改管中，以居民用户瓶改管为主；2023 年 6 月宁夏银川燃气事故发生后，多地启动实施非居民用户瓶改管工程，以提升非居民用户（尤其是餐饮用户）的用气安全水平，非居民用户开展集中瓶改管。

此外，2023 年江西省住房和城乡建设厅印发《关于推广使用管道天然气工作的通知》，要求"完善融资机制。各地可根据实际情况，充分考虑改造任务数量、施工难易程度、燃气企业收益、改造用户资金承受能力和地方财政能力，探索建立改造费用由政府、燃气企业、业主（实际控制人）三方合理共担的机制。"该政策也支持实施三方出资的资金筹集模式。

综上可以看出，政府、企业、业主"三个一点"的出资模式正在被全国各省市参考使用，不同省市的具体出资金额根据各省市实际情况有所调整，但整体来看，基本都是按照三方出资模式，体现了瓶改管工程"三个一点"出资模式的科学性和合理性。

第 4 章 瓶改管各方职责及协调机制

　　瓶改管工程影响面广,在实施过程中,要在城中村和老旧住宅小区道路上开挖作业,并开展外墙和入户施工作业,需要居民的支持和配合,才能保证施工效率。这给瓶改管带来大量复杂、繁琐的协调工作。协调工作成为贯穿瓶改管全过程的重要工作内容。因此,明确、清晰的职责分工是瓶改管政策顶层设计的关键,高效的协调工作机制是瓶改管顺利推进的重要保障。本章通过对广州、深圳、中山等地在瓶改管工作的职责分工、沟通协调和实际运作进行分析,介绍瓶改管工程各相关方主要职责、主要工作内容和有关协调机制。

4.1　瓶改管主要工作内容

　　广州、深圳等城市在政策制定时,将城中村、老旧住宅小区、旧街区居民用户以及以餐饮为主的非居民用户纳入瓶改管范围,并制定具体的改造目标;深圳、中山明确了"应改尽改、能改全改"的工作原则,深圳则进一步提出了在瓶改管后要实现全市清瓶(即清除瓶装液化气)的目标,广州、深圳、中山瓶改管主要工作内容(任务)如表4-1所示。

广州、深圳、中山瓶改管主要工作内容(任务)　　　　　　　表 4-1

板块	广州	深圳	中山
工作方案	《广州市城市管理和综合执法局关于印发广州市进一步推进旧楼居民加装管道燃气优惠奖励政策的实施意见的通知》;《广州市餐饮场所推广使用管道燃气三年行动实施方案》;《广州市加快推进城镇燃气事业高质量发展三年行动方案(2021—2023年)》	《深圳市老旧住宅区、城中村普及管道天然气工作方案》;《深圳市加快推进管道天然气进村入户工作方案》;《深圳市全面实施"瓶改管"工作的攻坚计划(2021—2023年)》	《中山市加快推进城市居民天然气建设工作方案》
主要任务	到2023年底,新增管道燃气覆盖居民用户60万户,新增管道燃气报装点火居民用户45万户,新增瓶改管商业用户1万户	符合燃气相关规定的城中村、住宅区等居民用户,以及非居民用户,均须实施瓶改管,到2023年底实现全市清瓶	到2023年底,全市城市居民天然气普及率达到70%以上;到2024年底,中心城区居民天然气普及率达到90%以上,城市天然气利用规模进一步扩大,城市供气管网基本实现全覆盖
时间	2021—2023年	2016—2023年	2021—2024年

板块	广州	深圳	中山
瓶改管范围	城中村、旧街区、老旧小区，公共建筑、商业用户的餐饮场所	除2024年前实施拆除重建类城市更新和土地整备计划等建筑外所有符合条件的用户	按照应改尽改、能改都改的原则，推动供气管网已经覆盖的老旧小区、城中村等居民开通使用天然气

信息来源：互联网。

4.2　瓶改管主要相关方及职责

瓶改管工程是一项复杂的系统工程，要各级政府部门和城市燃气企业共同参与，广州、深圳、中山瓶改管主要职责单位如表4-2所示。

广州、深圳、中山瓶改管主要职责单位　　　　　　　　表4-2

板块	广州	深圳	中山
参与单位	市城市管理综合执法局，各区政府，市发展改革委、市工业和信息化局、市公安局、市财政局、市规划和自然资源局、市生态环境局、市住房城乡建设局、市农业农村局等，各管道燃气经营企业	市住房和建设局、市委宣传部、市发展改革委、市财政局、市规划和自然资源局、市交通运输局、市水务局、市商务局、市应急管理局、市国资委、市市场监管局、市城管和综合执法局、市信访局、市城市更新和土地整备局、市公安局交通警察局、市消防救援支队，各区政府，城市燃气企业	市住房城乡建设局，市发展改革委、市自然资源局、各镇街、管道燃气特许经营企业
主要牵头单位	市城市管理综合执法局及各区政府	市住房和建设局及各区政府	市住房城乡建设局

信息来源：互联网。

从表4-2可以看出，各地瓶改管都以当地燃气行业主管部门为牵头单位，但参与单位各有不同，职责也有一些区别。在实际推进过程中，牵头单位应充分发挥统筹全局的作用，当地政府和街道还应充分履行具体执行者的角色，其他各参与方都应在职责范围内认真履职，保证瓶改管各项工作顺利推进，本节以广州、深圳为例，介绍瓶改管主要相关方及职责分工。

4.2.1 瓶改管领导机构

由于瓶改管工作涉及政府部门较多，一般需要由某一职能局具体牵头实施。根据各个城市职能局职责划分不同，瓶改管工作的牵头单位也不同，有些城市由住房和城乡建设局牵头，有些城市由城市管理综合执法局牵头。以深圳为例，成立了由市领导任组长的瓶改管工作小组，负责统筹全市瓶改管工作。成员单位包括市委宣传部、市发展改革委、市财政局等市直部门，以及各区政府、城市燃气企业等单位。工作小组下设办公室，负责承担日常事务，制定瓶改管工作计划，明确瓶改管工作标准，汇总通报各区工作进展情况，不定期进行抽查督办及筹备召开专项工作领导会议等。

4.2.2 主要相关方职责分工

职责分工方面，在广州、深圳的瓶改管工作计划中，均明确区政府是瓶改管工作的实施主体，对当地瓶改管工作负总责。深圳明确街道办是瓶改管工作的执行主体，负责在区政府的统筹领导下落实攻坚计划，而广州市明确街道办负责制定片区内的旧楼改造等工作计划，实施主体为城市燃气企业。深圳市在瓶改管工作中明确了村股份公司、小区物业管理单位是瓶改管工作的责任主体，广州由于自身实际情况，未对村股份公司、小区物业管理单位的职责进行明确。广州、深圳对城市燃气企业的职责规定，相同点是都需负责敷设各类瓶改管工程配套所需的市政中压燃气管道，完成餐饮等非居民用户的瓶改管任务，做好瓶改管工程的后续运营维护工作，不同点是广州需要城市燃气企业作为主体组织开展瓶改管宣传工作，而深圳城市燃气企业则需要配合政府开展相关宣传工作，广州、深圳瓶改管主要参与方职责分工如表 4-3 所示。

广州、深圳瓶改管主要参与方职责分工   表 4-3

单位	广州职责	深圳职责
深圳市住房和建设局、广州市城市管理综合执法局	负责统筹开展旧楼以及餐饮用户管道燃气改造，核定申报改造过程中的奖励基数，开展监督、检查、考核及培训工作	加强对各区瓶改管工程质量和施工安全监管的业务指导，并承担工作小组办公室的日常工作
交通、公安、水务等市直部门	按职责大力支持占用、挖掘城市道路、公路等涉路施工活动审批工作	依职责在规划、占道、开挖、涉河等方面加快行政审批

单位	广州职责	深圳职责
区政府	成立专项工作领导小组，负责本区内专项工作的综合协调和督促落实	成立区工作小组，加强督查督办，建立分级督办机制
	制定本区旧楼改造年度实施计划及需管道化改造的餐饮场所清单	编制区级瓶改管工作方案，按市工作小组要求落实各项工作
	审核本区内旧楼及餐饮瓶改管优惠奖励基数	负责城中村、住宅区瓶改管工程建设管理
	督促区财政、城管部门做好资金划拨工作	统筹非居民用户瓶改管工作
	联合相关单位进行餐饮场所推广使用管道燃气工作政策宣传	负责统筹开展点火工作
	—	定期召开当地内瓶改管专题工作会议
	—	巩固瓶改管工作成效
街道办	负责制定街道内旧楼加装管道燃气年度实施计划	在区政府的统筹领导下落实攻坚计划，对照任务目标，倒排改造工期，全面推进改造工作
	实施过程中做好工作动员，配合协调施工场地，并及时协调处理干扰阻碍施工的问题	调动社区工作站、网格中心、村股份公司、物业管理单位、餐饮行业协会等各方力量，组织开展宣传动员、工程施工、供气点火及瓶装燃气退出等各项工作
村股份公司、物业管理单位	—	协调房屋业主（实际控制人）、租户、餐饮企业经营主等配合改造，协调解决改造现场的具体问题
	—	在街道办的统筹指导下，组织城中村、住宅区居民用户和非居民用户配合开展点火工作
	—	落实成效巩固措施，防止瓶装燃气回潮
城市燃气企业	提前敷设市政中压燃气管道	提前敷设市政中压燃气管道
	负责实施旧楼及餐饮瓶改管工作，及时归集并报送相关优惠奖励基数	按时完成区政府下达的非居民用户瓶改管任务
	组织开展宣传工作	保质保量完成点火工作
	验收合格后负责燃气管道和设备的运营管理、巡查和维护	做好已开通管道燃气区域的供气保障和设施管养维护工作

4.3 瓶改管协调机制

瓶改管工程相关方多，协调工作直接关系到瓶改管工程推进效率和最终工作成效。

4.3.1 政府沟通协调机制

居民瓶改管协调工作应实施分级负责制，在市、区、街道建立三级沟通协调机制。市级层面协调机制主要解决政策层面问题，区级层面协调机制主要解决计划问题、进度问题，街道级层面协调机制主要解决具体问题。在每个层级的协调机制中，依托工作群的联络机制，通过建立例会、通报、督导检查、约谈等机制统筹推进瓶改管工作。

（1）例会制度：以一个月或一个季度为期，由该层级瓶改管主要责任单位负责人组织召开瓶改管专题会，通报工作进度，交流工作经验，解决关键问题。

（2）通报制度：以一个固定期限（不同层级可以设定不同时间段，如市级一个季度、区级一个月、街道级一周或半月）为期，由该层级瓶改管主要责任单位发布瓶改管工作通报，以具体数据为依据，对各责任单位进行排名，通报主要问题，形成比学赶超的工作氛围。

（3）督查制度：结合实际工作开展情况，不定期开展督导检查，即可专项检查，也可全面督查，检查结果纳入通报，形成现场检查和书面通报的"双督导"。

（4）约谈制度：根据各单位瓶改管推进情况，上层级主要责任单位负责人不定期约谈下级考核单位中进度滞后、存在问题较大的主要责任单位负责人，有的放矢，及时纠偏。

图 4-1 为某市瓶改管市级工作联络群，图 4-2 为某市瓶改管区级工作联络群，图 4-3 为某市瓶改管街道社区级工作联络群。

4.3.2 城市燃气企业与相关方沟通协调机制的建立和应用

城市燃气企业是瓶改管的主要参与方，也是主要责任单位之一。目前，大部分城市实施了管道燃气特许经营，城市燃气企业作为特许经营的管道燃气企业，在瓶改管工程领域具有先天的专业优势和技术优势，应在

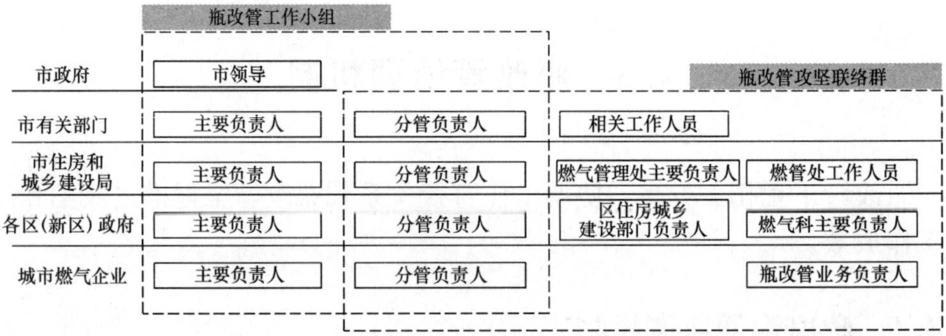

市政府	瓶改管工作小组		瓶改管攻坚联络群	
	市领导			
市有关部门	主要负责人	分管负责人	相关工作人员	
市住房和城乡建设局	主要负责人	分管负责人	燃气管理处主要负责人	燃管处工作人员
各区(新区)政府	主要负责人	分管负责人	区住房城乡建设部门负责人	燃气科主要负责人
城市燃气企业	主要负责人	分管负责人		瓶改管业务负责人

瓶改管工作小组群职责：统筹全市瓶改管工作，发布市级瓶改管有关工作通知，定期通报各区进展情况，实时发布相关工作动态、新闻报道、先进事迹、工作业绩等简讯。

瓶改管攻坚联络小组职责：负责瓶改管日常工作，跟进落实瓶改管工作小组下达的各项任务，收集填报各类工作数据，及时协调解决各类推进过程中的难点问题。

图 4-1　某市瓶改管市级工作联络群

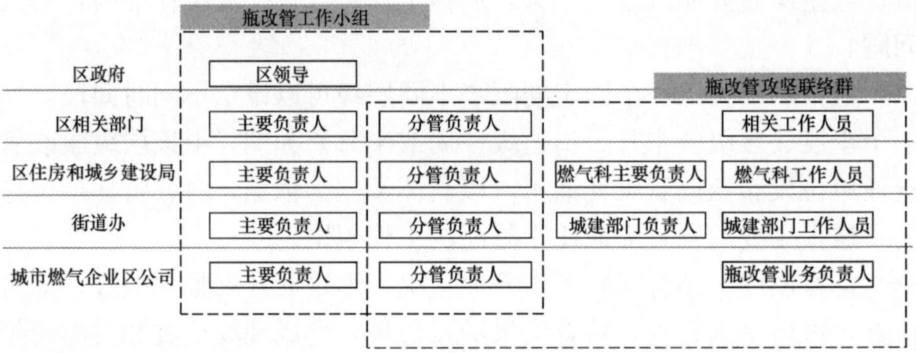

区政府	瓶改管工作小组		瓶改管攻坚联络群	
	区领导			
区相关部门	主要负责人	分管负责人	相关工作人员	
区住房和城乡建设局	主要负责人	分管负责人	燃气科主要负责人	燃气科工作人员
街道办	主要负责人	分管负责人	城建部门负责人	城建部门工作人员
城市燃气企业区公司	主要负责人	分管负责人		瓶改管业务负责人

瓶改管工作小组职责：统筹辖区瓶改管工作，发布区级瓶改管有关工作通知，定期通报各街道办进展情况，实时发布相关工作动态、新闻报道、先进事迹、工作业绩等简讯。

瓶改管攻坚联络小组职责：负责瓶改管日常工作，跟进落实瓶改管工作小组下达的各项任务，收集填报各类工作数据，及时协调解决各类推进过程中的难点问题。

图 4-2　某市瓶改管区级工作联络群

瓶改管过程中开展全过程专业技术指导，同时发挥瓶改管各方沟通协调纽带作用，实现瓶改管各类信息、各方资源的共通、共享，做好各级政府的参谋和各参建单位的助手。

（1）建立网格化对接协调机制。各地瓶改管政策都有所不同，瓶改管项目又各有特点，城市燃气企业可根据当地瓶改管政策，建立网格化对接

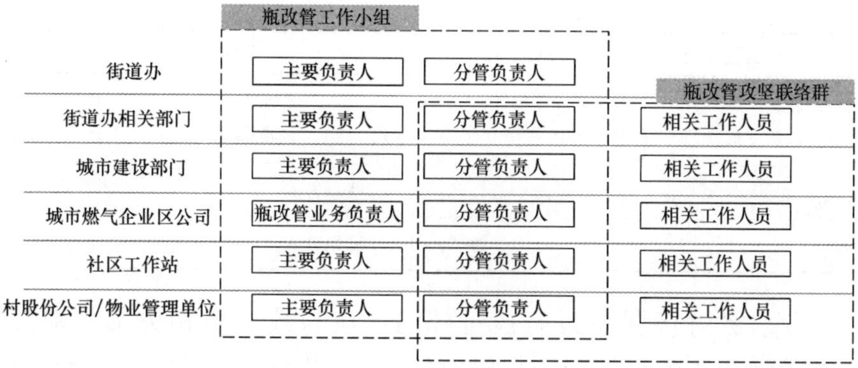

瓶改管工作小组职责：统筹街道办瓶改管工作，发布街道办瓶改管有关工作通知，定期通报各社区、各村（小区）进展情况，实时发布相关工作动态、新闻报道、先进事迹、工作业绩等信息。

瓶改管攻坚联络小组职责：负责瓶改管日常工作，跟进落实"瓶改管"工作小组下达的各项任务，收集填报各类工作数据，及时协调解决各类推进过程中的难点问题。

图 4-3　某市瓶改管街道社区级工作联络群

协调机制，分区、分街道、分项目建立"一对一"的网格化联络机制。城市燃气企业应组建瓶改管相关专职部门，负责对接市级政府部门，落实政策，统筹城市燃气企业内部瓶改管工作；根据实际情况，可分设若干瓶改管工作部，负责对接区政府层级瓶改管工作，履行城市燃气企业具体工作职责；按街道和社区，分项目配置网格员，负责具体项目的对接工作。实现多层级、全范围的对接协调，某市城市燃气企业瓶改管工作部网格化对接工作小组一览表如表 4-4 所示。

某市城市燃气企业瓶改管工作部网格化对接工作小组一览表　　表 4-4

街道名称	街道辅导员	项目管理负责人	客服负责人	管网负责人	机动人员
街道 1	姓名： 联系方式：	姓名： 联系方式：	姓名： 联系方式：	姓名： 联系方式：	姓名： 联系方式：
街道 2	姓名： 联系方式：	姓名： 联系方式：	姓名： 联系方式：	姓名： 联系方式：	姓名： 联系方式：
街道 3	姓名： 联系方式：	姓名： 联系方式：	姓名： 联系方式：	姓名： 联系方式：	姓名： 联系方式：
街道 4	姓名： 联系方式：	姓名： 联系方式：	姓名： 联系方式：	姓名： 联系方式：	姓名： 联系方式：
街道 5	姓名： 联系方式：	姓名： 联系方式：	姓名： 联系方式：	姓名： 联系方式：	姓名： 联系方式：

续表

街道名称	街道辅导员	项目管理负责人	客服负责人	管网负责人	机动人员
街道6	姓名： 联系方式：	姓名： 联系方式：	姓名： 联系方式：	姓名： 联系方式：	姓名： 联系方式：
技术负责人	姓名： 联系方式：				
总负责人	姓名： 联系方式：				

（2）分层级对接服务政府执行部门。在与政府各相关部门对接协调时，城市燃气企业各级部门应分级对接、分工协作，发挥层级优势和专业对口服务作用。城市燃气企业总部瓶改管专责部门主要对接市瓶改管主管部门，协助解决瓶改管共性问题，研究制定相关政策。各区城市燃气企业瓶改管专责部门应与各区政府保持联动，统计瓶改管相关信息，掌握总体进度、困难，协助解决具体问题，必要时城市燃气企业可向瓶改管政府主管部门派驻专职工作人员，全程参与瓶改管协调工作。街道、社区的网格化对接人员，要掌握项目具体进度，对燃气市政配管、瓶改管工程的验收移交、接驳碰口、供气点火等进行统筹协调，实现瓶改管工程项目管理的全过程对接服务，城市燃气企业瓶改管网格员日常工作内容如表4-5所示。

城市燃气企业瓶改管网格员日常工作内容 表4-5

序号	内容
1	建立网格区域内的项目台账
2	搜集各方信息，掌握项目实时进度
3	审核供气方案，提供市政气源接驳点
4	参与项目交底，面向施工单位开展培训，明确施工质量要求
5	配合街道、社区开展瓶改管政策宣传，争取用户支持
6	配合监理单位，开展样板房验收，协助解决专业技术问题
7	配合建设单位，参与工程验收、移交工作
8	协调燃气市政配管进度，与红线内瓶改管工程进度保持一致
9	协调碰口接驳及供气
10	组织开展集中开户、点火现场办公，提供管道燃气便捷服务

（3）全方位对接参建单位。城市燃气企业在瓶改管协调工作中，除了对接各级政府外，对工程各建设方应提供全方位、全过程的指导，确保国

家、省市各类规范、规程和城市燃气企业技术标准得到落实，同时协调解决实施过程中遇到的技术问题，提供技术支持和指导，为燃气工程质量把关，城市燃气企业对接参建单位协调工作内容如表 4-6 所示。

城市燃气企业对接参建单位协调工作内容 表 4-6

建设阶段	工作内容
设计	适当介入，向设计单位提供供气方案指导和技术支持，提供市政气源接驳点具体位置，确保项目运行压力、管径、阀门、调压设备等方面设计合理，减少后期整改返工
招标投标及进场准备	及时跟进招标投标工作，招标投标结束后，主动与施工单位联系，提出进场前完善的准备事项；关注施工单位的进场准备工作，协助施工单位解决进场前遇到的困难
技术交底	参加技术交底会议，提出施工中的关键问题，指导施工单位合理合规进行施工
施工	随时关注施工过程中遇到的困难，及时配合解决技术难题
	定期关注工程进展，监督施工单位按要求及项目特点施工
	建立由业主代表、街道办协调员、城市燃气企业联络人、监理单位、施工单位、设计单位、社区联系人等相关人员组成的工作联络群，定期在群内分享工程进度，实时解决施工问题
验收	提醒施工单位同步准备工程验收资料、竣工图，验收完成后提醒施工单位提交供气资料
	配合建设单位开展验收，对完工项目按照验收标准进行把关，对发现的问题监督施工单位进行整改
	提前办理接驳手续，做好供气的准备
供气	与施工单位协商，提前做好点火前的准备工作，保证点火的及时性和有效性

（4）燃气市政配管协调。燃气市政配管是瓶改管工程的配套项目，对无市政气源的瓶改管工程，城市燃气企业应将市政配管提前敷设到位。一般市政配管项目，城市燃气企业应提前办理占道开挖手续，报送资料前应与当地交通、交警、城管等市政道路（人行道、绿化带）管理部门沟通，争取报送资料整齐完备，一次通过，提高效率。对涉河、涉路（公路）及涉铁（铁路）的配管项目，在配管工程早期勘验过程中，城市燃气企业应组织设计单位深入现场，分析道路现状、河流地质条件，充分论证，制定配管方案，并报请当地政府瓶改管牵头部门，组织水务、规划、交通、交警、城管、铁路等部门召开协调会议，研讨和优化配管方案，争取行政审批支持。

4.4　案例解析——某区城市燃气企业多方协调，合力推进非居民用户瓶改管

4.4.1　案例背景

2019 年初，某区率先实施非居民用户瓶改管，进一步提高天然气普及率。区城市燃气企业全力配合，启动城中村餐饮商户改造工程，计划 2020 年底前对该区所有具备用气条件的城中村餐饮商户实施瓶改管。

4.4.2　问题与难点

改造实施过程中，区城市燃气企业主要面临以下两方面难题：

一是用户签约改造推进缓慢。该区纳入改造计划的城中村餐饮商户约 1700 户，签约任务量大，用户改造意愿不强。截至 2019 年 6 月初，城中村餐饮商户改造签约率仅为 7%。签约进度缓慢，严重影响施工组织、用户通气、改造进度及成效。

二是改造范围变更。实际发生改造的用户范围与市发展和改革委批复的范围存在差异，新增瓶改管需求的用户不在原市发展和改革委批复范围内，对这些用户的改造实施存在一定阻碍。

4.4.3　原因分析

城中村餐饮商户瓶改管工程主要面临用户签约推进缓慢和改造范围变更的问题，主要原因包括：

（1）城中村餐饮用户对瓶装液化气使用不当的危害和天然气优势了解不够全面，对政府政策关注不够，缺乏瓶改管政策认识。街道办、村股份公司和物业管理单位对改造宣传力度不足，餐饮用户改造意愿不强，造成用户签约工作推进缓慢。

（2）城中村餐饮商户流动频繁，部分已经纳入瓶改管计划的商户停止营业（或转让给非餐饮用户）以及未纳入改造计划的商户反复提出改造需求，造成改造范围发生变更。

4.4.4 解决措施

为解决签约慢和改造范围变更的问题，区城市燃气企业与区住建局加强沟通，制定以下工作措施：

（1）多方协调联动，多措施合力推进用户签约工作

由区住房和城乡建设局、区公安局、街道办、村股份公司等多方协作，采用"四步走"策略，做好每个项目与用户签订《瓶改管合同》的工作，工作时间不超过1个月。

第一步，由区住房和城乡建设局协调组织消防部门、街道办、村股份公司、城市燃气企业开展瓶改管宣讲大会，宣传改造工程的惠民政策、管道燃气的优势、实施步骤，签订《瓶改管合同》；第二步，由村股份公司协同城市燃气企业组织人员100%上门，一对一宣讲，对未签订《瓶改管合同》的商户或业主进行动员，晓之以理，督促其签订《瓶改管合同》；第三步，由街道办协同城市燃气企业对仍未签订《瓶改管合同》的商户或业主进一步动员，督促其签订《瓶改管合同》；第四步，对拒不配合改造的商户，由区公安局负责巡查，对于巡查发现违反消防法律法规和消防技术标准的商户或业主，责令整改，敦促其配合改造，消除隐患，区住房和城乡建设局同时联系瓶装燃气供应企业停止对其供气。

（2）强化瓶装液化气管控措施

各村股份公司通过技术手段限制向已完成瓶改管区域范围配送瓶装液化气，同时加强巡查，防止出现瓶装气回潮的现象。对不符合燃气管道安装条件的，一律改用电器。对符合条件但拒不实施瓶改管的，列入安全管理重点检查对象，对检查发现的安全隐患，督促业主（或商户）限期整改，限期未整改的不得营业。

（3）清查摸底，及时掌握改造对象变更情况

由各村股份公司在改造实施前完成改造对象的清查摸底，逐村填写改造对象信息表，交区住房和城乡建设局作为制定工程实施计划的依据。改造过程中定期梳理改造范围内餐饮商户的变更情况，并提交区住房和城乡建设局，及时掌握改造对象的变更情况。

（4）已实施改造项目新增用户一并纳入改造计划

瓶改管的目的是消除当地瓶装液化石油气用气安全隐患，为提高改造效率，提升改造效果，对已经开始实施改造的项目，在保证项目范围不超出原市发展改革委批复文件改造范围、项目资金不超出原市发展改革委批

复资金的前提下，城市燃气企业核实项目范围内新增瓶改管的学校或商户，报区住房和城乡建设局备案后，一并纳入计划实施。

（5）将瓶改管纳入责任方考核

街道办对当年该街道城中村餐饮商户瓶改管进行考核，考核主要内容为计划完成情况、指标情况（签约率、开户率、点火率）、采取的措施等，对于改造好社区的予以发文表扬，对于改造不好社区的进行通报批评。

4.4.5 案例启示

多方协同，形成合力共同推进。瓶改管政府主管部门和当地街道等政府部门强力支持是推进瓶改管的关键，尤其在具体实施过程中，发挥行政协同作用，村股份公司和物业公司积极配合城市燃气企业，逐户排查，各方形成合力推进瓶改管工作。

建立工作考核机制，提升瓶改管积极性。为了保证街道办、村股份公司和物业管理公司在瓶改管工作中全力配合，政府主管部门建立考核机制，对各责任单位进行年度考核，并采取惩处措施，有效提高各责任单位在瓶改管工作中的积极性。

4.5 案例解析——某街道调集多方资源，成功实现清瓶目标

4.5.1 案例背景

2022年7月，为落实上级政府关于瓶改管清瓶工作的决策部署，某街道在完成全域瓶改管工程安装和点火任务后，着手开展清瓶工作。

4.5.2 事件经过

该街道通过政企协作，多方调集资源，形成社会共识和合力，推进清瓶工作：

1. 强化组织领导，健全工作机制，各项工作落实落细

"日调度会＋晨会"配合。街道党工委副书记、办事处主任亲自主持每日的瓶改管工作日调度会，各社区参会，汇报推进进度及困难，及时沟通、解决问题。遇到需要现场解决的事，应急管理办主任联合城市燃气企业对接人立即响应，赴各社区、各城中村现场协调解决问题。城市燃气企

业负责人每日在公司主持召开晨会，亲自部署，亲自安排，城市燃气企业内设的瓶改管专职部门作为统筹部门，负责对接协调街道办、社区、村股份公司；客户服务部负责统一安排点火，处理点火隐患整改工作；项目管理部负责推进工程建设。城市燃气企业内部各部门责任清晰，并实施严格问责。

"两表一清单"销项推进。通过"一本清单"明确工作目标，"两张表格"跟踪工作进展，从严从细抓清瓶点火工作。城市燃气企业内部的办公室、瓶改管工作部、客户服务部、项目管理部等部门为瓶改管工作的全职成员部门，成立支援机构，落实人力保障，并同步向其他区城市燃气企业临时借调点火人员。

网格化对接走深走实。印制《三人小组工作手册》，就项目概况、改造政策、项目清单、技术指引等进行规范化编制，强化队伍专业素养提升。建立从业务负责人到网格、网格到社区的培训，各网格化驻点人员深度与各社区工作站人员交流业务，快速提升协调、动员工作效率。

2. 划清责任边界，各方达成一致，平稳有序推进

明确街道、社区、城市燃气企业各方职责。一是街道主导，负责组织社区、股份公司对区域内需点火的居民、底商用户进行摸排，制定相应的任务清单和每日点火工作计划。制定"一本清单"和"两张表格"。街道安委办出具日调度会议纪要，层层落实责任制。二是社区推进。负责协调业主、租户、非居民用户配合瓶改管，解决瓶改管过程中遇到的各类纠纷；社区建立瓶装液化气保供清单，街道购买服务安排保安员在卡口严查钢瓶进村。三是城市燃气企业配合。负责安排点火人员，组织供气点火。对点火难、不配合的用户，每日梳理情况，列清单及时报至街道应急管理办和社区，由街道办和社区出面解决。

3. 措施强硬有力，点火高效配合

一是社区提前排查一轮。为提高居民用户集中点火成功率，社区工作站人员或消防人员提前开展一轮入户排查工作，梳理具备点火条件的用户清单，不具备条件的就地宣传钢瓶回收流程、后期清瓶影响正常生活及限期整改通知。二是城市燃气企业组建非居民用户"1+1+1"点火工作队。由1名点火员、1名街道或社区消防办执法人员、1名炉具公司安装人员组成点火工作小队，对不符合点火条件的底商用户及时进行现场整改，切实提高点火成功率。三是实施"一村一调度"。社区组织开展现场办公，城市燃气企业派驻专职调度人员，及时响应村内一切调配需求。现场办公地点常驻城市燃气企业、石油气公司、报警器公司、施工单位、强排风公司人员，现场及时解决问题。四是强化点火人员管理。实施点火员到场报到制，加强纪律管理，每日排名，形成"比学赶帮超"的氛围。

4.5.3　案例启示

"日调度"的统筹督办机制。街道主要负责人每日主持召开工作调度会，亲自部署，亲自安排，工作小组参会，每日沟通工作推进情况及存在困难，实施"日督办、日反馈、日销项"。

"一村一调度"的协调安排机制。在集中清瓶点火期间，确保一村（或住宅区）1 个调度员。调度员负责实时对接社区、村股份公司或物业管理处点火动态清单和每日点火计划；协调提前打孔、提前安排人员开门等事宜；做好点火人员考核管理，均衡、合理安排点火力量；统筹协调炉具安装、物料储备、施工整改等其他事宜；个别不愿配合点火的居民用户及商业用户统计上报街道办，由街道办统筹安排处理；每日将进展情况及遇到的困难上报点火工作小组。

"1＋1＋1"的点火实施机制。居民点火：由村股份公司或物业管理处安排 1 名工作人员，区公司安排 1 名点火人员、炉具公司安排 1 名炉具安装人员组成"1＋1＋1"点火队，先由村股份公司或物业管理处工作人员联系楼栋长或业主提前开门、清理"钢瓶"，再由炉具安装人员上门安装，最后点火人员上门点火，有序衔接，高效推进点火工作。非居民用户点火：由街道办或社区安排 1 名工作人员，城市燃气企业区域分公司安排 1 名点火人员，炉具公司安排 1 名炉具安装人员组成"1＋1＋1"点火队。对愿意配合点火、自行购买炉具的商户，由点火人员和炉具安装人员配合落实，此类用户在集中清瓶点火前完成点火；对需要整改的用户联络现场工程整改组安排整改，整改合格后点火；对不愿购买炉具或自愿改电的用户，限制瓶装液化气配送。

第 5 章　瓶改管工程建设前期流程

瓶改管工程是在已有建筑上加装燃气管道设施，工程投资大，施工复杂，应严格按照建设工程流程实施。本章参照政府投资建设项目，介绍瓶改管工程建设前期相关流程节点和注意事项，包括立项、设计、预算、概算、批复、招标等。

5.1　瓶改管工程立项

工程建设项目一般分为三个阶段，分别为投资决策阶段、实施阶段和交付使用阶段，如图 5-1 所示。

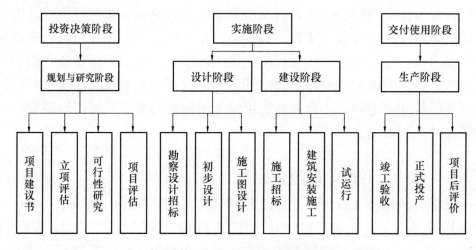

图 5-1　工程建设项目阶段图

瓶改管工程应根据当地政府投资项目管理办法相关要求，开展前期规划研究工作，一般包括编制项目建议书、可行性研究报告并取得相应批复等步骤。

（1）建设单位可委托工程咨询机构编制项目建议书，项目建议书应当对项目建设的必要性和依据进行深入论证，并对项目拟建的地点、规模和内容以及配套工程、投资匡算、建设运营模式、资金筹措和投融资模式、经济效益和社会效益等进行初步分析。

（2）建设单位可委托工程咨询机构按照经批准的项目建议书要求进行项目可行性研究和编制可行性研究报告。可行性研究报告应当从全生命周期的角度对建设项目空间、技术、工程、安全、环境影响、建筑废弃物处置、资源能源节约、配套工程、运营维护、投融资等是否合理可行进行全面分析论证，并达到规定的深度。可行性研究报告中的建设内容、范围、规模、标准、投资估算等原则上不得超出已批准的项目建议书（或立项申请报告）相应范围。

其中，项目建议书及可行性研究报告应突出瓶改管工程对提升当地安全水平、降低安全风险，改善居民人居环境、提升人民群众幸福指数的积极作用。

5.2 瓶改管工程设计及概算

建设单位应当依法委托具有相应资质的设计单位，按照经批准的可行性研究报告要求开展设计工作，编制项目总概算。工程设计应当明确项目的建设内容、建设规模、用地规模、建设标准、主要材料、设备规格和技术参数，设计图纸应达到国家规定的设计深度，项目总概算应当包括项目建设所需的全部费用，项目总概算原则上不得超过批复的可行性研究报告估算或立项匡算的总投资。

5.2.1 设计应遵循的规范和标准

依据《城镇燃气设计规范（2020 年版)》GB 50028—2006、《燃气工程项目规范》GB 55009—2021、《建筑机电工程抗震设计规范》GB 50981—2014、《城镇燃气输配工程施工及验收标准》GB/T 51455—2023、《聚乙烯燃气管道工程技术标准》CJJ 63—2018、《城镇燃气室内工程施工与质量验收规范》CJJ 94—2009 等国家标准、行业标准、地方标准及当地城市燃气企业标准开展项目设计工作。

5.2.2 设计重点注意事项

具体设计注意事项参照本书 2.2.2 节执行。

5.2.3 概算工作

图纸设计完成后，应根据图纸开展概算编制工作，概算编制重点注意事项包括：

（1）瓶改管工程使用专用设备材料时，须确定相关价格，并须明确价格是否进行上、下浮动。

（2）瓶改管工程新旧管线连接费应计入红线内项目建安费，按定额计取。取费时需考虑防火费、宣传费、燃气置换损耗费、应急费等项目。

（3）根据现场情况，高处作业采用脚手架或机械吊篮，严禁采用移动脚手架施工。脚手架应套定额按面积计取，考虑双排、挂网、挡板、搭拆、高度、使用时间（暂时按 2 个月计取），宽度宜按管道左右两侧分别外延 1.5m。机械吊篮应套定额按面积计取，吊篮宽度（统一按 3m 宽）乘以作业高度。如果横向管道长度超过 3m，以横向管道长度计取宽度。在一个项目中，机械吊篮面积与脚手架面积根据现场情况编制概算。

（4）瓶改管工程概预算阶段按每 6m 管道计取一个探伤口，少于 6m 按两个焊口探伤计算，最后计算探口数量为双数。

（5）施工围挡按双面计算，围挡使用工期材料消耗量调整系数按有关规定执行。

（6）考虑到项目特殊性，地上管道长度、地下管道长度应计取一定余量系数。地下管道应充分考虑部分地方埋深不足而采取保护措施发生的施工费用。

（7）在设计时，如果遇到两个项目的管道需要地上接驳时，计取管道接驳费用，根据现场实际计取接驳数量。包括：

1）地下与地上属于两个项目时，每个出地管与立管都计取一处接驳口；

2）入户支管与原有立管或原有支管的接驳，一户计取一个。

（8）使用的各类管件数量需在材料目录表中体现，在数量上计取一定的余量，概算时，管件要单独计费。

（9）工程建设其他费用按有关协议（如代建协议）编制，各设计单位要求格式统一。

（10）概算还应包含工程建设其他费，具体参考表 5-1。

工程项目概算汇总表　　　　　　　　　　　　　　表 5-1

项目名称：　　管道燃气建设工程

序号		项目费用名称及计费标准	概算投资（万元）	占总投资比重
一		建筑安装工程费用	—	—
二		工程建设其他费用	计费依据及标准	—
	1	代建管理费	—	项目总投资×X%

续表

项目名称： 管道燃气建设工程

序号		项目费用名称及计费标准	概算投资（万元）	占总投资比重
	2	编制项目建议书	—	分档计取	—
	3	编制可行性研究报告	—	分档计取	—
	4	工程设计费	—	分档计取	—
	5	工程勘察费	—	分档计取	—
	6	施工图技术审查费	—	工程设计费×X%	—
	7	竣工图编制费	—	工程设计费×X%	—
	8	工程监理费	—	分档计取	—
	9	招标代理服务费	—	分档计取	—
	10	工程交易服务费	—	—	—
	11	工程保险费	—	（一）×0.1%	—
	12	临时设施费	（一）×0.5%	（一）×0.5%	—
	13	全过程工程造价咨询费	—	分档计取	—
	14	弃土场收纳处置费	—	—	—
三		预备费	—	—	—
	1	基本预备费	—	（一+二）×5%	—
		建设项目总概算	—	一+二+三	—

注：表格中的"X%"应依据各地造价管理部门制定的取费标准执行。

5.3 瓶改管工程发改批复及立项

项目概算编制完成后，建设单位应委托第三方咨询公司对设计概算进行审核，并在审核完成后将设计图纸及概算文件报送政府发展改革委进行概算批复，并按照当地政府部门相关规定办理政府投资项目立项工作。相关报审资料参考如表5-2所示。

政府投资项目申报表 表 5-2

申报阶段：可行性研究报告（建设单位盖章）				单位：金额（万元），面积（m²）				
项目名称			项目代码					
申报单位名称			项目行业归口					
项目建设地址								
项目总投资		建安费		工程建设其他费			基本预备费	
资金筹措方案	其中			资金总计				
	市财政	区财政	国土资金	专项资金	中央投资	部省	自筹	其他
	"其他"的来源途径说明							
项目简介								
建设规模								
项目必要性和依据								

5.4 瓶改管工程预算（标底）编制及招标

建设单位应委托具备相关资质的造价咨询单位开展项目施工招标前的预算（标底）编制工作，并向造价咨询单位提供以下资料：完成经过审核的全套施工图纸、发展改革委概算批复文件及其他工程相关规范文件。

预算（标底）编制完成后，建设单位应委托第三方开展预算（标底）审核，并将经审核的预算（标底）及相关资料送当地价格管理站等政府部门备案，发包工程造价不得超过已批准的项目总概算中的建筑安装工程费用，工程建设投资原则上不得超过经过核定的项目总概算。

按要求需要进行公开招标的工程，建设单位应组织预算（标底）编制单位依据经过审核结果出具项目《招标控制价》《标底公示表》，按程序开展后续施工招标工作。

招标控制价是招标人根据国家以及当地有关规定的计价依据和计价办法、招标文件、市场行情，并按工程项目设计施工图纸等具体条件调整编制的，对招标工程项目限定的最高工程造价，也可称其为拦标价、预算控制价或最高报价等。对招标控制价及其规定，应注意从以下方面理解：

（1）国有资金投资的工程建设项目实行工程量清单招标，并应编制招标控制价。根据《中华人民共和国招标投标法》的规定，国有资金投资的工程项目进行招标，招标人可以设标底。当招标人不设标底时，为有利于客观、合理地评审投标报价和避免哄抬标价，造成国有资产流失，招标人应编制招标控制价，作为招标人能够接受的最高交易价格。

（2）招标控制价超过批准的概算时，招标人应将其报原概算审批部门审核。因为我国对国有资金投资项目实行的是投资概算审批制度，国有资金投资的工程项目原则上不能超过批准的投资概算。

（3）投标人的投标报价高于招标控制价的，其投标应予以拒绝。国有资金投资的工程项目，招标人编制并公布的招标控制价相当于招标人的采购预算，同时要求其不能超过批准的概算，因此，招标控制价是招标人在工程招标时能接受投标人报价的最高限价，投标人的投标报价不能高于招标控制价，否则，其投标将被拒绝。

（4）招标控制价应由具有编制能力的招标人或受其委托具有相应资质的工程造价咨询人编制。工程造价咨询人员不得同时接受招标人和投标人对同一工程的招标控制价和投标报价的编制。

（5）招标控制价应在招标文件中公布，不应上调或下浮，招标人应将招标控制价及有关资料报送工程所在地工程造价管理机构备查。招标控制价的作用决定了招标控制价不同于标底，无须保密。为体现招标的公平、公正，防止招标人有意抬高或压低工程造价，招标人应在招标文件中如实公布招标控制价各组成部分的详细内容，不得对所编制的招标控制价进行上浮或下调。

（6）投标人经复核认为招标人公布的招标控制价未按照《建设工程工程量清单计价规范》GB 50500—2013 的规定进行编制的，应在开标前 5 日向招标投标监督机构或工程造价管理机构投诉。

5.5　案例解析——某区优化瓶改管工程建设前期流程，有效控制建设工期

5.5.1　案例概况

根据某区瓶改管计划，2021 年 7 月底前完成 45 万户居民瓶改管工程，其中一半任务交由区城市燃气企业代建。该区瓶改管启动较晚，任务

艰巨，区政府在 2019 年年底一次性完成 45 万户居民瓶改管集中立项，区城市燃气企业迅速响应，仅用一个月时间完成了设计摸排工作，同时克服疫情带来的影响，优化前期建设流程，于 2020 年 8 月完成设计及概算工作，2020 年 10 月取得概算批复，同年 12 月初完成招标工作，12 月底前进场施工，大大缩减了前期建设工期，为后续施工和供气点火预留了充足时间。

5.5.2 案例详述

1. 充分利用网络形式，确保疫情防控期间"不停工"

一是设计单位人员远程办公，对已完成入户勘查的城中村瓶改管项目，协同设计单位远程办公，追赶进度，按倒排计划完成相关设计绘图和概算编制工作。二是在线制定城中村瓶改管项目概算编制指引文件，通过电子办公和视频会议协调设计单位、监理单位、造价咨询公司共同参与文件制定工作，确保设计文件及概算编制的合理性。三是采用视频会议形式落实预算编制单位的抽签工作。打破常规面对面召开会议的模式，于 2020 年 2 月通过视频会议邀请三家造价咨询公司，提前启动预算编制工作。

2. 全面争取项目概算批复措施费用

经全面总结其他瓶改管推进情况，发展改革委概算批复的措施费用高低将直接影响施工阶段的进展，如果概算批复的资金不足，施工阶段工程将因措施费用不足直接导致项目窝工或停工，严重影响改造进展。为尽量争取该区瓶改管项目概算批复合理的措施费用，区城市燃气企业与区发展改革局、设计单位、预算编制单位等单位多次协调，区住房和城乡建设局召集区发展改革局、区造价站、区质监站、各街道办、区城市燃气企业、设计单位、标底编制单位、施工单位、脚手架单位共同召开研讨会议，最终将立管施工脚手架计算宽度由原来 2m 增加至 4m，同时统一评审标准，保证措施费用足够投入。

3. 变串联为并联，同步开展概算报审，预算编制工作

在发展改革委概算批复后，应根据概算开始预算编制工作，完成整个预算编制工作预计需要 10～15 天。区城市燃气企业主动调整工作思路，优化流程，对于已经报发展改革委审核概算的项目同步进行预算编制，待发展改革委概算审核完成后，根据概算批复建安费金额，在 2 天内完成预算调整，随即开展施工招标工作。

4. 迎合瓶改管工程特点，创新招标模式

城中村瓶改管项目个数多且分布范围广，若按照普通施工招标模式，即一个立项项目招标一家施工单位的做法，将招标出数十家施工单位，这将对后期现场施工管理和工程进度推进带来极大的不便。同时由于单个立项项目的批复户数少，招标控制价低，也难以吸引优质的施工单位参与投标。因此结合该区城中村瓶改管自身特点，经城市燃气企业多次与区住房和城乡建设局沟通，区住房和城乡建设局最终同意按设计及概算批复的进度、所属街道、工程规模等，将若干瓶改管工程进行打包招标施工单位。

5.5.3　分析与启示

创新思维，一切以进度为核心。为配合该区按时完成城中村瓶改管任务，区城市燃气企业充分学习和借鉴其他地方的瓶改管工作经验，全面分析改造过程中遇到的重点及难点，提前谋划，大胆优化工程建设前期流程，实现瓶改管工作提速。

主动沟通，凝聚一心。城中村瓶改管工程涉及面广，单从前期工作而言，需配合协调的政府部门就有发展改革委、住房和城乡建设局、街道办等多个政府部门，除此之外，还需要与设计单位，概算编制单位、概算外审单位、预算编制单位、招标代理单位、施工单位等进行沟通。在整个过程中，区城市燃气企业发挥沟通协调纽带作用，积极与各方沟通，协调解决工程前期建设过程中出现的问题。

第 6 章　瓶改管工程
造价管理

瓶改管工程包括埋地管道、地上公共管道、入户管道等管道施工及阀门、调压等设施安装，施工复杂，变更签证多，造价管理难度较大。本章参照政府投资建设项目造价管理标准，介绍瓶改管工程造价管理要点，包括造价编制组成及依据、造价审核要点、工程结算和决算等。

6.1 瓶改管工程造价组成及编制依据

瓶改管工程造价由分部分项工程费、措施项目费、其他项目费、规费及税金组成。其编制依据为：

(1)《建设工程工程量清单计价规范》GB 50500—2013；

(2) 国家或省级、行业建设主管部门颁发的计价依据和办法；

(3) 建设工程设计文件；

(4) 与建设工程项目有关的标准、规范、技术资料；

(5) 招标文件及其补充通知、答疑纪要；

(6) 施工现场情况、工程特点及常规施工方案；

(7) 其他相关资料。

6.2 瓶改管工程造价审核要点

6.2.1 工程建设各阶段易出现的造价问题

1. 招标阶段

(1) 部分项目未严格按规定要求招标；

(2) 部分项目施工合同结算条款与代建合同不完全一致；

(3) 对设计资料要求不高，导致预算与结算偏离度较大。

2. 施工阶段

(1) 签证资料与图纸及现场矛盾；

(2) 签证资料不够完善；

(3) 影像资料不规范，不能完全反映现场情况。

3. 结算阶段

(1) 竣工资料签字、盖章手续不齐全；

(2) 资料不完整，缺少必要的资料。

4. 结算审核阶段

（1）设计在施工图未标注"环管高度"，施工作业高度不明确，导致脚手架搭拆工程量与实际偏差大，合同价偏低；

（2）招标图设计材料表工程量与平面图计算量不一致，导致部分合同价偏低；

（3）签证中脚手架的搭拆，与图纸建筑物的尺寸不匹配；

（4）签证中高处措施签证的方式与提供的影像资料不一致；

（5）签证中安全挂网图片不完整；

（6）脚手架合理使用天数不明确；

（7）铁马水马等临时围挡均属于安全文明措施费范围，不需另计费用，而实际重复计取；

（8）定向钻如遇土石方，未提供地质勘探资料。

6.2.2 造价审核要点

工程造价审核的关键点在工程变更和签证。

1. 工程变更

工程变更指工程项目在建设工程中，因各种原因，在合同履行过程中所涉及的工程量或价的变化的总称。具体包含：

（1）增加或减少合同中任何工作，或追加额外的工作；

（2）取消合同中任何工作，但转由他人实施的工作除外；

（3）改变合同中任何工作的质量标准或其他特性；

（4）改变工程的基线、标高、位置和尺寸；

（5）改变工程的时间安排或实施顺序条件。

2. 工程现场签证

工程现场签证是处理合同价款中未包含而施工过程中又发生了的特殊情况的书面依据。签证最终以价款的形式体现在工程结算中，签证失控将会导致结算造价失控，因此必须加强现场签证的管控，严格按照签证的审核确认程序执行。部分施工单位采取"低中标、勤签证、高索赔"策略，以此获得工程利润；而建设单位如工程签证管理失控，就会造成预算超支、工期延长等不良后果。因此，建设单位对签证均采取严格管理办法，控制投资风险。有效的签证要具备以下几点：

（1）签证主体必须是承包人与发包人。只有一方当事人签字不是有效签证，既要有合同约定也要有监理单位的签字；

（2）双方必须对行使签证的人员进行授权，缺乏授权的人员的签证单不是有效的签证；

（3）签证的内容必须涉及工期顺延、费用变化、工程量变化等内容；

（4）发包人签署的意见应该是"同意"或者"批准"签证内容。如发包人签署的意见为"情况属实"或者"按合同办理"，则只能作为费用与工期索赔的证据材料，不是真正意义上的签证，能否增加费用或者顺延工期还要结合合同约定及其他证据材料予以综合认定。

6.3 瓶改管工程结算及决算

政府投资项目建成后，建设单位应当按照有关规定组织工程验收。建设单位可以聘请具备相应资质的中介机构提供工程验收咨询服务。政府投资项目未经验收或者验收不合格的，建设单位不得交付使用。建设单位应当在完成政府投资项目全部工程结算审核后 3 个月内，会同施工单位完成竣工决算报告的编制，报财政投资评审部门审核。因特殊情况确需延长工程结算、竣工决算报告报审时间的，由建设单位向政府投资主管部门提出申请。建设投资主管部门根据实际情况决定是否延期，但报审时间原则上最长不得超过一年。施工单位、建设单位或者使用（管养）单位应当依照职责分工，根据政府有关规定，及时办理竣工财务决算、在建工程转固、资产移交、产权登记等手续。

6.3.1 工程竣工结算的计价原则

在采用工程量清单计价的方式下，瓶改管工程竣工结算的编制应当规定的计价原则：

（1）分部分项工程和措施项目中的单价项目应依据双方确认的工程量和已标价工程量清单的综合单价计算；如发生调整的，以发包方和承包方双方确认调整的综合单价计算。

（2）措施项目中的总价项目应依据合同约定的项目和金额计算；如发生调整，以发包方和承包方双方确认调整的金额计算，其中安全文明施工费必须按照国家或省级、行业建设主管部门的规定计算。

（3）其他项目应按下列规定计价：

1）计日工应按发包人实际签证确认的事项计算；

2）暂估价应由发包方和承包方双方按照《建设工程工程量清单计价规范》GB 50500—2013 的相关规定计算；

3）总承包服务费应依据合同约定金额计算，如发生调整的，以发包方和承包方双方确认调整的金额计算；

4）施工索赔费用应依据发包方和承包方双方确认的索赔事项和金额计算；

5）现场签证费用应依据发包方和承包方双方签证资料确认的金额计算；

6）暂列金额应减去工程价款调整（包括索赔、现场签证）金额计算，如有余额归发包方。

（4）规费和税金应按照国家或省级、行业建设主管部门的规定计算。规费中的工程排污费应按工程所在地环境保护部门规定标准缴纳后按实列入。

6.3.2　工程竣工结算的资料

瓶改管工程竣工结算审核是一项非常细致的工作。由于瓶改管工程批量打包招标实施的情况普遍，需要结算的子项目多，工作量大，内容繁杂，要仔细查阅相关文件资料是否齐全、合法合规，每一个清单项目的计量计价都要做到有据可依，每个设计变更签证都要有相应的工程资料相互证明。所以，工程结算资料的完整性与严谨性在竣工结算审核中尤其重要。工程项目竣工结算资料清单如表 6-1 所示。

工程项目竣工结算资料清单　　　　　　　　　　　　表 6-1

资料分类	资料名称	资料性质	备注
合同结算评审申请资料	合同结算评审申请书（须附承接单位承诺书或单方结算资料）	必备资料	—
项目立项资料	市发展改革委概算批复文件或市政府有关文件	必备材料	—
招标投标资料	招标文件（含招标控制价计价文件纸质版及电子版、招标答疑文件、甲供材料清单及采购方式说明）及标底公示表；中标通知书；中标单位投标文件（含商务标及计价文件电子版）	必备材料	招标工程须提供
预算造价文件	经审批的预算书（纸质版及电子版）	必备材料	非招标工程须提供

续表

资料分类	资料名称	资料性质	备注
合同资料	合同、补充合同或协议书（若有）	必备材料	须确保完整提供
开竣工证明资料	开工报告或开工令；竣工验收报告；如合同延期，须提供符合合同约定的延期审批资料；服务类合同须提交合同内容完结证明文件	必备材料	根据合同类型提供
竣工结算造价成果文件	结算造价成果文件（纸质版及电子版），纸质版封面签章须完整、有效，包括建设单位、造价咨询公司单位公章及执业印章及注册造价工程师执业印章（若有委托造价咨询）；提供的结算造价文件纸质版与电子版内容一致	必备材料	无统一格式，由申请人据实提供
工程量计算书	完整的工程量计算书（纸质版及电子版），包括三维工程量计算模型或工程量说明、计算公式	必备材料	无统一格式，由申请人据实提供；工程量计算书与结算造价成果文件工程量一致
图纸资料	完整的施工图纸、图纸会审答疑记录及竣工图纸（纸质版及电子版）	必备材料	提供的纸质版图纸与电子版内容一致；提供的图纸资料符合出图规范要求
工程变更及签证资料	经审批的设计变更、签证资料；送审变更及签证资料的完整性说明	补充资料	涉及相关事项时须提供
材料及设备的定价依据	专业工程暂估价部分的定价资料；新增材料、设备的询价记录或定价资料；按《市建设工程材料设备询价采购办法》进行询价采购的材料设备，需提供询价采购的结果证明资料	补充材料	涉及相关事项时须提供
施工方案	经批准的施工方案及专项施工方案	补充材料	涉及相关事项时须提供
工料机调差资料	工料机调差计算文件（含电子版）及相关依据文件	补充材料	涉及相关事项时须提供
合同奖罚资料	结算涉及的奖、罚金计取依据及证明文件	补充材料	涉及相关事项时须提供
土方、基坑支护及桩基工程施工资料	土方工程须提供土方方格网图，如有测绘须提供相关资料；基坑支护工程、桩基工程须提供施工记录等相关资料；工程地质勘察报告	补充材料	涉及相关事项时须提供
其他资料	送审单位根据实际情况提供的其他资料	补充材料	涉及相关事项时须提供

6.3.3　工程造价结算审计工作中的常见问题

1. 工程造价合同管理不规范

国家为了促进投资项目的稳定发展，制定了《政府投资项目审计规定》，以提高政府投资项目的审计质量和成效，《中华人民共和国审计法》《中华人民共和国审计法实施条例》分别对投资项目的执行情况、预算执行、决算等方面作出规范。但是部分项目投资方和施工方对合同的认识不够清晰，缺乏严格的法律意识，对签订合同的重视度不足，甚至认为部分领导的口头承诺大过合同约定。而合同对结算方式、结算变更条款的表述不清不楚，条款不严密，没有明确规范可变动材料价格与不可变动材料价格的区分，符合法律的效应性不明确，导致各方对项目的实施存在失控的可能性，而项目结算最终带来的后果则是工程拖延、结算拖延，形成经济合同纠纷，影响工程质量和当地经济发展。

2. 审计人员专业素质欠缺，人才匮乏

投资项目工程造价结算审计是一项十分繁琐的工作，涉及项目施工完成的全过程。这要求结算审计人员不仅要有丰富的工程管理、工程造价、合同法、建筑法、招标投标法等相关专业知识，还要具备良好的沟通协调能力，具备高层次、全方位的复合型人才。当前，高质量审计人才数量不足，实践经验不足，缺乏系统性地调查与研究总结经验。

3. 工程造价结算资料审核缺失

工程报价与实际造价存在一些时间方面导致的价格差异，而工程建设方对项目工程的整体规划较模糊。处于自身利益考量或者建设方工程评估能力不足，无法提供详细的工程细节报价资料，不少资料存在不规范问题，如主要负责人未签字盖章就通过，这些都是结算审核巨大的阻碍。且市场上建筑材料价格变动大，人力成本可能增加，且部分产品设备存在定价困难，审计人员对造价结算的资料审核困难大，实际取证难。且部分设备采购方与供货方长期合作、联合作弊，抬高材料价格，以次充好，套取政府资金，加大结算审计风险。

4. 工程造价结算审计监督漏洞

政府在对投资项目工程造价结算审计工作上的监督机制不够完善，存在监督漏洞。部分地方政府将审计外包给第三方审计公司或部门，而在合作方面未能充分注意审计管理的重要性，导致第三方审计人员缺失实际有效的行政约束，从而导致审核结果不够客观，影响造价结算审计的最终结果，不利于政府有效控制工程成本，可能造成市场乱象，影响项目实际实施效果。

5. 竣工图纸编制周期过长

竣工图是由施工单位按照施工实际情况绘制的图纸，涵盖瓶改管工程中燃气管道的实际走向和燃气设备的实际安装情况，竣工图是结算工作的重要依据之一。瓶改管工程施工工期一般不长（3～6个月），建设任务较重，施工单位普遍在竣工验收后才启动绘制竣工图，并且多数施工单位为节约成本，一般使用施工单位内部人员绘制图纸，图纸绘制质量较低，如绘图质量不满足结算精度要求或绘制错误，需要多次返工，造成结算进度滞后。在结算工作中，政府委托的第三方审核单位进行现场复核，如发现施工现场与竣工图纸不符的，将对工程结算款进行核减。但第三方审核单位通常无法对现场全部复核，而是采用抽查方式，例如某一楼栋现场设置防撞栏，施工单位计算费用时也计算了防撞栏费用，但图纸上因绘制疏漏未标注防撞栏，第三方审核单位将对所有楼栋防撞栏进行费用核减；或者图纸绘制了防撞栏，但在第三方审核单位现场复核某一楼栋时未发现防撞栏，即使其他楼栋安装了防撞栏，但第三方审核单位无法对所有楼栋进行复核，也将以该楼栋为标准，对所有楼栋防撞栏进行核减，给施工单位造成损失。

6. 工期延误现象普遍

瓶改管工程一般会根据《建设工程施工工期标准》制定项目标准工期。但由于瓶改管工程的复杂性，协调地方多、难度大，难以按预定工期有计划地推进施工，且易受暴雨、台风等天气及业主（住户）阻挠等非施工单位主观因素影响施工进度，经常出现因不可控因素导致工期延误的情况，造成工程施工实际工期突破合约工期，而工期延误不仅导致施工单位工程成本增加，在结算阶段还会因工期违约条款导致对施工单位的经济处罚，如无合理资料形成工期闭环，将影响施工单位工作积极性，造成恶性循环。

7. 签证变更审核不够规范

瓶改管工程现场施工条件复杂，在工程施工过程中，因现场实际条件出现签证、变更情况普遍。施工单位为赶工期，在与设计单位确认后，通常先施工后补签证、变更手续，甚至出现部分签证、变更手续后期未补的情况。在工程结算时，结算单位对未补手续或作证材料不全的签证、变更进行核减，给施工单位造成损失。

8. 措施费包干结算

瓶改管工程措施费占比高，脚手架搭拆等措施项目又是工程施工的基本条件，应重点关注瓶改管工程措施费相关条款的约定。部分项目为方便后期结算，在合同中约定措施费按包干价结算，但由于瓶改管施工现场条件复杂，无论采用单价包干还是总价包干方式，都难以确定合理的包干价格，极易造成合同纠纷，造成施工过程中发包方和承包方纠纷、工程施工停滞、后期结算困难等问题，严重影响工程进度，甚至引发诉讼等问题。在工程概算编制过程中应充分考虑措施费计价标准和计价规则，在合同中应明确措施费的签证条件和佐证材料，在结算过程中应根据工程实际和合同约定，按实结算措施费。

6.4　案例解析——某城中村瓶改管工程实施全过程结算管理，快速完成工程结算

6.4.1　案例概况

某城中村瓶改管工程涉及居民用户瓶改管 11000 余户，工程造价 4000 余万元。2016 年由区住房和城乡建设局委托区城市燃气企业代建，2017 年底竣工验收，2018 年 10 月报送结算资料，2019 年 4 月出具结算报告。相比当地其他城中村瓶改管工程 2 年的工程工期，该工程工期仅用 6 个月，效率较高。

6.4.2　工程结算全过程管理

该城中村瓶改管工程规模大，分两个标段施工，Ⅰ标（5000 余户）由 A 单位施工，Ⅱ标（6000 余户）由 B 单位施工，均于 2017 年 5 月开工，2017 年底竣工验收。工程竣工后，施工单位按照相关流程准备结算资料报送结算审核。

1. 施工合同签订阶段

2017 年 3 月，代建单位与 A、B 施工单位签订施工合同，在施工合同中约定结算原则、结算书编制格式、结算资料及送审时间。

2. 结算编制阶段

2017 年 11 月，该城中村瓶改管工程Ⅰ标、Ⅱ标竣工验收后，建设单

位项目负责人向施工单位发出《工程合同结算通知书》，通知书中明确结算资料提交截止日期，明确告知结算资料报送纳入承包商关键考核内容，如延期报送资料将对施工单位予以处罚，以此督促施工单位根据施工合同要求按时、准确提交结算资料。同时，项目负责人将项目措施费相关问题如实反馈区住房和城乡建设局，争取推进项目正常结算。

2017年11月～2018年10月，工程代建单位与施工单位保持密切配合，随时解答施工单位对结算资料编制中出现的各类问题，并及时对结算资料进行初步审核，保障结算资料的完整性、有效性和真实性。在施工单位编制项目结算资料同时，代建单位同步组织收集建设单位、代建单位需提供的结算资料，某城中村瓶改管工程结算资料清单如表6-2所示。

某城中村瓶改管工程结算资料清单   表6-2

建设单位（代建单位）提供资料		施工单位提供资料	
序号	提供资料	序号	提供资料
1	代建协议（复印件）	1	燃气管道安装明细表（原件，需经市燃气企业盖章确认）
2	设计合同或框架合同（复印件）	2	庭院燃气管道竣工测量报告（复印件）
3	设计委托单（复印件）	3	竣工图（原件，需标注轴线尺寸，加盖设计单位竣工审核图章）
4	监理合同（复印件）	4	设计通用说明及阀门井大样图（原件）
5	审图合同（复印件）	5	探伤报告（复印件）
6	预算审核书（复印件）	6	结算书及工程量计算式（原件）
7	甲供材料清单（复印件）	7	法人证明及法人授权委托书（复印件）
8	集团投资任务书（复印件）	8	施工单位营业执照及资质证书（原件）
9	路面修复、绿化修复、占道费等赔偿费用作证资料（复印件）	9	工程开工报告（原件）
10	施工合同（复印件）	10	工程竣工验收报告（原件）
11	施工委派单（复印件）	11	气源接入点意见书（原件）
		12	技术交底及图纸会审会议纪要（原件）
		13	签证资料（原件）
		14	中标通知书（复印件）
		15	措施费签证单（原件）

3. 结算资料审核阶段

2018年10月，代建单位完成结算资料内部初审后，将结算资料报送至区住房和城乡建设局。并与建设单位经过充分沟通，解决了结算中有关高处措施费结算方式的关键问题。

4. 第三方设计阶段

2018 年 12 月，区住房和城乡建设局委托第三方审核单位对项目结算资料及现场进行审计。由于竣工图与施工现场基本一致，签证变更资料较为齐全，2019 年 2 月完成结算资料审核，审减率控制在 10% 以内。

5. 出具结算报告完成结算

2019 年 4 月，第三方出具结算报告，完成项目结算工作。

6.4.3　工程项目结算关键点

1. 竣工图绘制

代建单位多次组织施工单位召开结算专题会议，强调结算工作紧迫性和重要性，提高施工单位对结算工作重视程度。两家施工承包单位都是燃气工程施工经验较为丰富的施工单位，资料员专业素质高，保证了竣工图纸绘制效率和质量，在 6 个月内绘制完成竣工图纸。

2. 工期延误等协调事项

对确系客观因素影响施工进度的，由施工单位提供文字材料说明，附必要佐证材料，代建签字确认后，由建设单位相关部门予以确认，保障施工单位合法利益。

3. 签证、变更佐证材料

代建单位与施工单位、设计单位建立联动，施工单位提出签证、变更需求后，代建单位第一时间联系设计单位现场核查，对于合理的签证、变更，做好台账登记，项目负责人定期督促施工单位补办签证、变更手续，及时报建设单位审核。

4. 措施费相关问题

本过程施工框架合同中约定的高处措施费按设计户数×合同单价包干，与代建协议中按实结算存在矛盾。由于框架合同未考虑到城中村瓶改管特殊情况，若按设计户数包干计价，则远远低于项目实际所需发生的高处措施费。且合同单价以吊篮施工计价，较少考虑脚手架施工方式，而城中村瓶改管施工过程中，由于楼间距不足，大多需采取脚手架施工，造成实际发生措施费用较合同约定包干价大幅增加。

为此，代建单位与建设单位沟通，及时反馈措施费相关问题，并促成区住房和城乡建设局推动区政府层面召开专题会，会同审计、发展改革委等部门，以会议纪要的方式明确了高处措施费按实结算的结算标准，解决了项目结算最大阻碍。

6.4.4　分析和启示

（1）结算工作流程标准化。根据当地政府部门要求，提前理清结算工作流程，掌握结算资料清单。

（2）施工过程同步收集结算资料。结算资料涉及面广，各阶段相关结算资料的准备应与工程进度相匹配，避免工程竣工后，通过写"回忆录"的方式临时编制结算资料。

（3）专人跟踪，及时解决结算问题。单位应安排专职资料员，全流程跟踪工程进展，开展全过程结算资料搜集和整理，并做好分析和预判，针对可能出现结算纠纷的问题，应及时沟通、尽早解决，如高处措施费等关键施工项目的签证、变更等。

（4）签证变更佐证材料充足。对签证变更的项目，应及时办理手续，并按照建设单位签证和结算要求，做好佐证材料的存档。

（5）专业、及时绘制竣工图。瓶改管工程环管、立管多，入户施工变化大，竣工图绘制相当复杂，对绘制人员要求高。施工单位应配备专业的竣工图编制人员，随工程进度绘制竣工图，尤其在户内管道施工时，应临时增加竣工图编制人员，驻点绘制户内管道竣工图，既提高竣工图质量，又可大大减少后期逐户敲门入户绘图的工作耗时。

第 7 章　瓶改管工程
施工管理

瓶改管工程施工地点主要在城中村和老旧住宅小区，施工作业面窄，与其他管线交叉作业多，高处作业安全风险高，入户施工扰民频繁，相比常规的管道工程施工，复杂程度和困难程度更高，尤其要做好现场施工管理工作。

7.1 瓶改管工程施工资质

7.1.1 施工总承包资质

按照《住房城乡建设部关于印发〈建筑业企业资质标准〉的通知》（建市〔2014〕159号），建筑业企业资质分为施工总承包、专业承包和施工劳务三个序列。

施工总承包工程应由取得相应施工总承包资质的企业承担。取得施工总承包资质的企业可以对所承接的施工总承包工程内各专业工程全部自行施工，也可以将专业工程依法进行分包。对专业工程进行分包时，应分包给具有相应专业承包资质的企业。施工总承包企业将劳务作业分包时，应分包给具有施工劳务资质的企业。

建筑企业施工总承包资质分为特级、一级、二级、三级。

瓶改管工程属于燃气工程中管线工程部分，按照国家、省、市相关规范要求，瓶改管工程运行压力均小于0.4MPa，按照表7-1城镇燃气管道设计压力（表压）分级，城市瓶改管工程一般为中低压燃气管道工程。

城镇燃气管道设计压力（表压）分级 表7-1

名称		压力（MPa）
高压燃气管道	A	$2.5<P\leqslant4.0$
	B	$1.6<P\leqslant2.5$
次高压燃气管道	A	$0.8<P\leqslant1.6$
	B	$0.4<P\leqslant0.8$
中压燃气管道	A	$0.2<P\leqslant0.4$
	B	$0.01<P\leqslant0.2$
低压燃气管道		$P<0.01$

按照《住房城乡建设部关于印发〈建筑业企业资质标准〉的通知》（建市〔2014〕159号），结合表7-1等要求，城市燃气瓶改管工程一般采

取的施工总承包资质为以下几类：

（1）市政公用工程。市政公用工程包括给水工程、排水工程、燃气工程、热力工程、城市道路工程等。城市燃气瓶改管工程属于市政公用工程中燃气工程部分，一般按照管道设计压力划分施工总承包资质级别。

市政公用工程三级资质。应用于城市燃气瓶改管工程管道设计压力为0.2MPa以下的中压、低压燃气管道、调压站项目。

市政公用工程二级资质。可承接市政公用工程三级资质项目，且能够承接城市燃气瓶改管工程管道设计压力小于等于0.4MPa的中压燃气管道、调压站项目。

市政公用工程一级资质、特级资质，可承接各类城市燃气瓶改管工程。

（2）石油化工工程。石油化工工程是指油气田地面、油气储运（管道、储库等）、石油化工、煤化工等主体工程，配套工程及生产辅助附属工程。城市燃气瓶改管工程属于石油化工工程中油气储运（管道、储库等）部分，施工总承包资质一般按照单项合同金额及供气能力划分施工总承包资质级别。

石油化工工程三级资质。应用于城市燃气瓶改管工程单项合同金额3500万元以下、输气能力为20亿 m³/a 以下等管道输送工程及配套建设工程。

石油化工工程二级资质。可承接石油化工工程三级资质项目，且能够承接城市燃气瓶改管工程单项合同金额3500万元以上、输气能力为小于80亿 m³/a 的管道输送工程及配套建设工程。

石油化工工程一级资质、特级资质，可承接各类城市燃气瓶改管工程，城市燃气瓶改管工程项目施工总承包商资质如表7-2所示。

城市燃气瓶改管工程项目施工总承包商资质　　　　　　　　表7-2

施工总承包资质	等级	设计压力 ≤2kg/cm²	设计压力 >2kg/cm²、≤4kg/cm²	合同金额 ≤3500万元	合同金额 >3500万元	输气能力 <20亿 m³/a	输气能力 ≥20亿 m³/a，<80亿 m³/a
市政公用工程	三级	✓	—	—	—	—	—
	二级	✓	✓	—	—	—	—
	一级	✓	✓	—	—	—	—
	特级	✓	✓	—	—	—	—

续表

施工总承包资质	等级	设计压力 $\leqslant 2\text{kg/cm}^2$	设计压力 $>2\text{kg/cm}^2$、 $\leqslant 4\text{kg/cm}^2$	合同金额 $\leqslant 3500$ 万元	合同金额 >3500 万元	输气能力 <20 亿 m^3/a	输气能力 $\geqslant 20$ 亿 m^3/a, <80 亿 m^3/a
石油化工工程	三级	—	—	√	—	√	√
	二级	—	—	√	√	√	√
	一级	—	—	√	√	√	√
	特级	—	—	√	√	√	√

注：打√的表示可承接的工程。

7.1.2　建造师资质

建造师是指从事建设工程项目总承包和施工管理关键岗位的执业注册人员。在我国，建造师分为一级建造师与二级建造师。2002 年 12 月 5 日，人事部、建设部联合印发了《关于印发〈建造师执业资格制度暂行规定〉的通知》（人发〔2002〕111 号），规定必须取得建造师资格并经注册，方能担任建设工程项目总承包及施工管理的项目施工负责人。

建造师注册及执业要求：

只有参加建造师考试合格者才能取得《中华人民共和国一级建造师执业资格证书》或《中华人民共和国二级建造师执业资格证书》，按级别及相关条件申请注册，由国家建设主管部门，或省、自治区、直辖市人民政府建设主管部门负责受理和审批，对批准注册的，核发由国务院建设主管部门统一样式的《中华人民共和国一级建造师注册证书》或《中华人民共和国二级建造师注册证书》。

注册要求：一级建造师可在全国范围内注册；二级建造师应在考试取得执业资格的省、自治区、直辖市申请注册。

执业要求：一级建造师注册完成后，可在全国范围执业。按照《住房和城乡建设部办公厅关于二级建造师跨地区执业问题的复函》（建办市函〔2023〕149 号），二级注册建造师可随注册企业在全国范围内执业。

一级建造师设置 10 个专业：

建筑工程、公路工程、铁路工程、民航机场工程、港口与航道工程、水利水电工程、市政公用工程、通信与广电工程、矿业工程、机电工程。

二级建造师设置 6 个专业：

建筑工程、公路工程、水利水电工程、矿业工程、市政公用工程、机电工程。

一级建造师按照专业分类，可承接注册建造师执业工程规模标准中所属专业的大、中、小型工程项目，二级建造师可承接注册建造师执业工程规模标准内所属专业的中型、小型工程，注册建造师执业工程规模标准（市政公用工程）、（机电安装工程）如表7-3、表7-4所示。

注册建造师执业工程规模标准（市政公用工程）　　表7-3

序号	工程类别	项目名称	单位	规模			备注
				大型	中型	小型	
1	城市供气	燃气管道工程		高压以上管道，单项工程合同额大于或等于3000万元	次高压管道，单项工程合同额1000万～3000万元	中压以下管道，单项工程合同额小于1000万元	—

注册建造师执业工程规模标准（机电安装工程）　　表7-4

序号	工程类别	项目名称	单位	规模			备注
				大型	中型	小型	
1	一般工业、民用、公用建设工程	管道安装工程	万元	>1000	300～1000	<300	单项工程造价
			—	直径大于或等于150mm，且长度大于或等于2000m	直径小于150mm，且长度小于2000m	—	工程量
			—	直径大于或等于1.0m，且长度大于或等于5000m供水管道	直径小于1.0m，且长度小于5000m供水管道	—	工程量
			m	≥10000	<10000	—	工程量

城市燃气瓶改管工程按照专业一般选用市政公用工程、机电安装工程两类注册建造师专业，并按照《注册建造师执业工程规模标准》选择一级或二级建造师担任项目负责人。

7.1.3　施工资质选择示例

1. 项目概况

某城中村瓶改管工程，主要建设内容包括：铺设某城中村建筑红线内燃气管道，安装调压柜、调压箱、用户燃气表、燃气阀门等；工程范围为市政中压燃气管接驳口-室外埋地管-调压箱（柜）-用户分表-表后管（至用气点）。项目已经获得当地发展改革委总概算批复，建设资金已筹备完成，计划开展施工单位招标。

2. 施工资质选择

建设单位根据工程概况，组织制定施工单位招标方案，以某城中村项目为例，预计发包建筑安装工程费为 4426 万元，应拟定以下施工资质标准：

投标人资质。本项目建设内容包含中低压燃气管道工程，故要求合格投标人条件为：具有市政公用工程施工总承包二级或以上资质。本项目合同金额超过 3500 万元，不属于大型石油化工工程的施工，故要求合格投标人条件为：具有石油化工工程施工总承包二级或以上资质。综合以上情况，建设单位设定投标人资质为：市政公用工程施工总承包二级或以上资质、或石油化工工程施工总承包二级或以上资质。

投标人项目经理资质。本项目建设内容包含中低压燃气管道工程，且单项工程合同金额大于或等于 3000 万元，属于大型工程，故要求投标人项目经理（建造师）条件为：一级注册建造师执业资格（市政公用工程）。根据《关于印发〈注册建造师执业工程规模标准〉（试行）的通知》（建市〔2007〕171 号）规定以及根据《关于建造师资格考试相关科目专业类别调整有关问题的通知》（国人厅发〔2006〕213 号），将原"电力、石油化工、机电安装、冶炼（机电部分内容）"合并为"机电工程"。本项目工程合同额大于 3000 万元，属于大型工程，故要求投标人项目经理（建造师）条件为：一级注册建造师执业资格（机电工程）。综合以上情况，建设单位设定投标人资质为：一级注册建造师执业资格（市政公用工程）或一级注册建造师执业资格（机电工程）。

7.2 瓶改管工程材料管理

瓶改管工程所需原材料、半成品、工程设备和零配件及外部加工件要严格按照国家标准采购，有供货材料的检验合格记录，质量以供货方提供的质量记录为依据，并进行材料的现场抽样检验，合格后方可使用。瓶改管工程当地对专用设备材料采购有特殊要求时，应按照当地要求实施。

7.2.1 材料、设备接货

瓶改管工程施工单位施工员、材料员和材料保管员必须全面负责并组织设备、材料的接收工作。

施工员必须根据设备、材料的到货计划，安排接货所需起重、运输机械和人员，材料保管员要准备贮存场所并确认其贮存条件。

设备材料到货后，施工员应立即进行所到材料外观检查，看其包装是否良好，运货单和货物是否相符，并做好接收材料记录，若发现接收的设备材料包装损坏、与运货单不符，应取得运输公司的证明或退换。

7.2.2 材料、设备到货检验

瓶改管工程施工单位应要求供货商提供其所供材料、设备的发运票，发运票中包括：数量、编号、供货清单、发运日期和运输方法。应立即检查所有材料和材质证书，并与供货商的供货清单对照、核实。如有损坏、缺陷、短少、多余、运输损坏，应采取拍照、取证等方法详细记录，并在接货后3天内以书面形式通知供货商。要避免因报告不及时而承担责任。

施工单位应确认供货商所供的材料、设备附有相应的质量证明或合格证。收货检验应与接收材料、设备和质量证书之间有可追踪性，所有不确认的材料、设备应分离、标记，并单独存放在特定的地点，直至问题解决。

对于非工程所需之材料、设备及明显的废旧材料、设备，施工单位可拒绝收货，并应报材料主管人员重新安排采购补救。对材质不明、质量证书不符或不清的材料，在取得供货商同意后，可以委托质检部门进行理化检验。

7.2.3 材料、设备保管

瓶改管工程施工单位在工地的适当位置设材料、设备露天堆场和临时库房，露天堆场为碎石地面，堆场四周有围挡及告示板，并设有铺垫、苫盖及排水明沟等必要设施。材料、设备分类存放：先按设备、电气、仪表、管道材料、管架材料分大类，再将各大类设备、材料等按所被安装在工地的位置分类存放。设备、材料与地面之间要加垫木，以防锈蚀，图7-1为瓶改管工程材料堆场。

较精密的设备及电气、仪表等应在库房内存放，库房设施应达到其存

图 7-1　瓶改管工程材料堆场

放的条件要求。多余材料、设备、废料、待接收的材料设备应分类存放。

7.2.4　设备、材料发放

瓶改管工程施工单位应严格按计划向现场供应设备材料，按施工图预算或施工预算供应，坚持按限额领料制规定领料和发料。工程材料的供应，要按施工进度、有计划适时适量均衡组织供料。在具体发放中要做到无领料单不发，坚持"急用先发、顺序而出"的原则；做到一查库存，二填料单，三拿材料，四当面点清，使发放工作速度快、数量准、手续简、规格定、交代清、服务好；坚持建卡建账，日清日结，断续盘点，做到"账卡物"三对口。

7.3　瓶改管工程劳务外包管理

瓶改管工程按照国家规定要求，将劳务作业分包时，应分包给具有劳务资质的企业，实施施工人员实名制和工程款分账制。

7.3.1　施工人员实名制

工程建设领域劳务工实名制管理，是指通过完善用工管理制度和加强劳务用工管理，利用实名制管理信息系统，以劳务工二代身份证、人脸、虹膜等有效识别设备为载体，动态反映劳务工身份信息、用工情况、劳动考勤、工资发放、用工评价的管理制度。

通过在瓶改管工程施工现场推行劳务工实名制信息化管理，实现施工现场劳务工底数清、基本情况清、出勤情况清、工资发放记录清、进出时间清"五清"目标，进一步规范施工单位用工行为，构建稳定高效产业队伍，避免劳资纠纷问题的发生，从而维护城市燃气瓶改管工程的良好秩序和劳务人员的合法权益。

瓶改管工程施工单位应严格落实国家、省、市有关施工人员实名制管理要求。通过实名制管理来规范施工单位、劳务单位双方的用工行为，杜绝非法用工、不同工种之间的混用、劳资纠纷恶意讨薪等问题的发生。

（1）施工单位必须与劳务人员依法签订书面劳动合同并严格履行，明确双方权利和责任，在开工前向项目监理单位提交施工人员花名册、个人身份证明、个人上岗证件、个人工作业绩、个人劳动合同、个人历史录用情况、依法登记的其他有关个人身份基本信息情况，保证人证相符、信息真实。

（2）瓶改管工程全面推广工程实名制信息系统，将瓶改管工程录入项目所在地区实名制系统，并绑定项目监理单位，施工单位要在实名制系统对应的项目录入管理人员和各工种施工人员，监理单位在实名制系统审核施工人员资格。

（3）项目开工后，施工单位应做好劳务人员三级安全教育，做好每日考勤签到，核对施工人员上岗情况，按要求开展班前安全教育，登记施工人员每日、每周、每月工程完成量。

（4）施工单位按考勤记录施工人员工作量、施工质量等，评价施工人员工作质量，按合同要求定期与劳务公司结算劳务费用。

（5）劳务企业应做好人员实名制登记。按照施工单位反馈的工作情况，定期发放劳务人员的劳务报酬。

（6）实行银行代发劳务工资。瓶改管工程应实行施工单位直接代发劳务工资。分包单位负责为招用的施工人员登记整理实名制工资支付银行卡，按月考核施工人员工作量并编制工资支付表，经施工人员签字确认后，交施工单位委托银行通过其设立的工资专用账户直接将工资划入施工人员工资账户。

（7）施工单位和分包企业应将经施工人员签字确认的工资支付书面记录保存两年以上，备查。

（8）监理单位应在日常工作中深入施工现场，利用实名制系统，对施工人员进行实名制核查，对核查中发现不符合规定的，立即清退出现场并给予通报批评。

7.3.2 分账制

瓶改管工程应实行工程款分账制。

（1）根据《国务院办公厅关于全面治理拖欠农民工工资问题的意见》（国办发〔2016〕1号）有关规定，在工程建设领域，实行人工费用与其他工程款分账管理制度，推动进城务工人员工资与工程材料款等相分离。施工总承包企业应分解工程价款中的人工费用，在工程项目所在地银行开设进城务工人员工资（劳务费）专用账户，专项用于支付进城务工人员工资。

（2）建设单位应按照工程承包合同约定的比例或施工总承包企业提供的人工费用数额，将应付工程款中的人工费单独拨付到施工总承包企业开设的进城务工人员工资（劳务费）专业账户。

（3）进城务工人员工资（劳务费）专业账户应向人力资源社会保障部门和交通、水利等工程建设项目主管部门备案，并委托开户银行负责日常监管，确保专款专用。

（4）开户银行发现财务资金不足、被挪用等情况，应及时向人力资源社会保障部门和工程建设项目主管部门报告。

（5）劳务分包单位应确保人工费用及时支付至施工人员个人开设的实名银行账号。

7.4 瓶改管工程施工现场管理

瓶改管工程应实施项目经理负责制，项目经理由施工单位任命。

7.4.1　施工组织机构

项目经理应按照工程规模组建项目部，制定项目部管理制度，熟悉施工合同、项目设计图纸等技术文件，负责瓶改管工程的具体实施，图 7-2 为瓶改管工程项目部组织架构图。

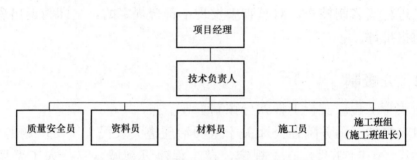

图 7-2　瓶改管工程项目部组织架构图

项目部各岗位人员职责如表 7-5 所示。

项目部各岗位人员职责　　　　　　　　　　　　　　表 7-5

序号	岗位	岗位职责
1	项目经理	1. 负责组建项目部，对项目进行规划和估算，制定总体目标和要求； 2. 协调工程项目的内外部关系； 3. 负责施工全过程的组织、控制与管理工作； 4. 负责组织施工等各类方案和作业指导书的编制； 5. 负责项目部的日常管理工作
2	技术负责人	1. 做好施工前技术、劳动力以及施工现场各项准备工作； 2. 做好技术交底工作； 3. 及时解决施工现场遇到的技术问题； 4. 做好各方面联络与协调工作； 5. 及时做好各项施工记录，完工后及时整理交工资料
3	质量安全员	1. 负责对关键工序、质量控制点的监督检查，按工序流程控制卡的内容进行质量控制和确认； 2. 做好质量、安全意识教育工作； 3. 参加工程质量评定工作，组织对质量安全事故的调查处理
4	材料员	1. 负责工程所需原材料、设备的供应、发放工作； 2. 控制不合格材料或未检品进入施工现场； 3. 做好材料标识收集整理工作
5	资料员	1. 做好工程资料的收、发、整理和归档工作； 2. 负责项目部各类文件、会议材料的编制及整理归档； 3. 负责项目部各类信息、通知的下发和传达
6	施工班长	1. 负责向本班组工人进行第三级技术交底，必要时做示范操作，安排本班组工人工作，做好施工质量的监督； 2. 组织已完工序的复检验收； 3. 施工中发现问题，及时向技术负责人报告，并协助解决； 4. 做好施工现场材料、设备保管工作

7.4.2 施工准备

1. 现场准备

瓶改管施工现场用围挡搭设材料堆放、预制场地，现场应设置"五牌一图"，即工程概况牌、管理人员名单及监督电话牌、消防保卫牌、安全生产牌、文明施工牌和施工现场总平面图。项目部应在施工前明确施工用水、用电的接入方式及地点。

2. 技术准备

执行规范：

《燃气工程项目规范》GB 55009—2021；

《城镇燃气设计规范（2020年版）》GB 50028—2006；

《城镇燃气室内工程施工与质量验收规范》CJJ 94—2009；

《城镇燃气输配工程施工及验收标准》GB/T 51455—2023；

《现场设备、工业管道焊接工程施工规范》GB 50236—2011；

《现场设备、工业管道焊接工程施工质量验收规范》GB 50683—2011；

《聚乙烯燃气管道工程技术标准》CJJ 63—2018。

编制施工组织设计、安全文明施工专项方案，并报送监理单位审批。

参加由建设单位组织的图纸会审及设计交底，明确项目实施中的技术及施工工艺要求。

3. 资源准备

劳动力准备。瓶改管工程项目部应按照工程规模招用充足的施工人员，并按照工程进度机动调节施工劳动力。现场施工一般以施工班组为最小管理单位，施工班组劳动力计划如表 7-6 所示。

施工班组劳动力计划 表 7-6

序号	工种	数量（名）	计划进场时间	用工量
1	电焊工	1	开工进场	配合工期
2	PE管焊工	1	开工进场	配合工期
3	管工	2	开工进场	配合工期
4	电工	1	开工进场	配合工期
5	辅助工	10	开工进场	配合工期

施工劳动力按照施工阶段一般分为施工初期、高峰期、收尾阶段。

施工初期处于施工协调、宣传动员阶段，施工区域主要为建筑外墙公共管道、上升管道，工程施工作业面及施工量不多，项目整体需要的施工班组一般为3～5个。

经过短暂的施工初期与物业管理单位、业主（用户）宣传沟通，大量业主（用户）接受瓶改管，并允许入户内施工，工程施工进入高峰期，全面施工正式铺开。此时，外墙公共管道、户内管道安装、地下管道施工均同时开展，项目施工人员需求进入高峰期，同时在场施工人员进入最大值。项目部应根据项目规模大小合理配置施工班组，对于小型项目施工班组需求量在5～10个左右，对于大型瓶改管工程，按照现场情况配置施工班组可达到20个以上。

4. 设备材料准备

工程所需原材料、半成品、工程设备和零配件及外部加工件要严格按照国家标准采购，有供货材料的检验合格记录，质量以供货方提供的质量记录为依据，并进行材料的现场抽样检验，合格后方可使用。

项目部应按照施工进度，合理规划、采购、存储施工所需材料，避免因为施工材料不足影响施工进度，施工机具计划表如表7-7所示。

施工机具计划表　　　　　　　　表7-7

序号	名称	数量（台、套）	进场时间	使用时间
1	电焊机	1	开工进场	配合工期
2	PE焊机	1	开工进场	配合工期
3	切割机	1	开工进场	配合工期
4	电钻	5	开工进场	配合工期
5	手磨砂轮机	3	开工进场	配合工期
6	烘干机	1	开工进场	配合工期
7	空压机	1	开工进场	配合工期
8	水钻	1	开工进场	配合工期
9	套丝机	1	开工进场	配合工期

7.5 瓶改管工程施工技术要点

7.5.1 管道施工工序流程图

1. 地上燃气管道工程

现场复测→立环管安装→户内管安装→设备安装→吹扫试压

2. 庭院燃气管道工程

测量放线→沟槽开挖→管道安装→吹扫试压→管沟回填→标志桩埋设

7.5.2 施工方法及技术措施

1. 地上燃气管道工程

（1）地上燃气管道按照设计方案采用外镀锌钢管及无缝钢管。管道连接主要为螺纹连接，管径较大时，建议采用焊接，焊条选用 E4315，管道焊接前应打 $30°V$ 形坡口。当为法兰连接时，法兰垫片采用耐油橡胶石棉板（$\delta=3mm$），图 7-3 为钢管坡口检测。

（2）天面环管及室内燃气管道安装必须注意坡度与坡向，天面环管以 0.003 的坡度坡向上升立管或下降立管，室内管道以 0.003 的坡向流量表两侧立管。

（3）管道安装需要在建筑物避雷网范围以内，当天面环管与避雷网间距小于 200mm 时，用 －4mm×12mm 扁钢焊接。

（4）天面环管每隔 3m 处设一支架支撑，沿墙立管每层设一抱箍，户内管每隔 2m 及转弯处设一抱箍。

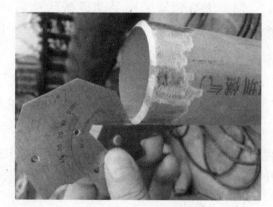

图 7-3　钢管坡口检测

（5）管道安装管道中心距墙的净距：室外管 100mm，室内管 30mm。

（6）管道穿墙，楼板及上升立管穿出地面必须用套管保护，穿墙套管规格如表 7-8 所示。

穿墙套管规格 表 7-8

燃气管（mm）	热收缩套	PVC 套管（mm）
DN100	FGR160/75	D166×8
DN80	FGR140/70	D146×8
DN65	FGR130/60	D146×8
DN50	FGR110/45	D114×7
DN40	FGR75/27	D90×6
DN32	FGR75/27	D76×5
DN25	FGR55/15	D65×4.5
DN15	FGR30/13	D40×3.5

管道穿墙、楼板处须用聚乙烯热收缩套防腐，并用 PVC 管做套管保护。穿墙处套管两端应与墙平齐，热收缩套与内墙平齐，比外墙长 20mm，穿楼板处套管与热收缩套高出楼板 50mm，套管两端用玻璃胶封堵。

（7）上升立管总阀法兰间需做跨接，且设阀门箱保护，下降立管上端设阀门箱保护。

（8）无缝钢管采用手动机械除锈后，钢管表面应呈现金属自然光泽，然后涂红丹防锈漆一道，再涂 HS 2000 橘黄色自干漆两道；外镀锌钢管涂 HS 2000 橘黄色自干漆两道。

（9）室外管道需注明红色"天然气"警示字体，并标注"中压"或"低压"警示及流向等警示标识。在建筑物底层，天面环管及可视管段均应设置警示标识，警示标识要求规则、醒目。

（10）管道施工完毕后要分段进行吹扫，吹扫前把调压器、流量表断开，以管内无异物响动、出口无污物为合格。

（11）试压：

强度试验：试验介质为压缩空气，中压管道试验压力为 0.3MPa（3kg/cm²），达到试验压力后稳压 1h，然后仔细进行外观检查，并对法兰连接部位用涂刷肥皂水的方法检查，如不漏气，压力表读数不下降，目测无变形为合格。

气密性试验：试验介质为压缩空气，中压管道试验压力为 0.2MPa（2kg/cm²），试验开始之前，应向管内充气至试验压力，保持一定时间，达到温度，压力稳定，气密性试验时间为 24h，压力降不超过式(7-1)计算结果为合格。

同一管径：$\Delta P = 40T/D$

不同管径：$\Delta P = 40 \dfrac{T(d_1 l_1 + d_2 l_2 + \cdots\cdots + d_n l_n)}{(d_1^2 l_1^2 + d_2^2 l_2^2 + \cdots\cdots + d_n^2 l_n^2)}$ (7-1)

式中　ΔP——允许压力降（Pa）；

T——试验时间（h）；

D——管段内径（m）；

d_1、d_2——d_n各管段内径（m）；

l_1、l_2——l_n各管段长度（m）。

试验实测的压力降应根据在试压期间管内温度和大气的变化按式（7-2)予以修正：

$$\Delta P' = (H_1 + B_1) - (H_2 + B_2)\frac{273 + t_1}{273 + t_2}$$ (7-2)

式中　$\Delta P'$——修正压力降（Pa）；

H_1、H_2——试验开始和结束时的压力计读数（Pa）；

B_1、B_2——试验开始和结束时的气压计读数（Pa）；

t_1、t_2——试验开始和结束时的管内温度（℃）。

计算结果 $\Delta P' \leqslant \Delta P$ 为合格。

户内低压部分气密性试验压力为 500mm 水柱，用肥皂水涂抹，无泄漏后居民用户稳压不低于 15min，非居民用户稳压不低于 30min，水柱压力表观察，无渗漏，压力表无压力降为合格。

2. 庭院燃气管道工程

庭院燃气管道一般采用聚乙烯管道（简称 PE 管），PE 管具有使用寿命长，重量轻，无须防腐，少维护或免维护等多项优点，按骨料配比分为 PE100 和 PE80，目前广泛应用于中低压地下燃气管道工程中。瓶改管工程地下燃气管道部分，应采用 PE 管道施工。

（1）测量放线：按照施工现场实际坐标点和施工图坐标进行计算，放出管中心，打上中心桩，管沟开挖前做好管线中心桩的引线桩，并测量出自然地面标高，确定开挖深度和宽度，下管后复测管顶竣工标高。

（2）管沟开挖：若开挖路面为沥青路面或混凝土路面时，需用切割机切割，然后采用机械开挖至设计埋深以上 0.2～0.3m，然后人工清理沟底至设计深度，根据土质情况和开挖深度确定放坡系数，根据管径确定槽底宽，计算出开口宽度。管沟挖至设计标高，夯下 100mm，然后回填 100mm 河沙至设计标高。

（3）管道连接：PE管道采用电熔焊接，焊机选用PE全自动电熔焊机。焊接前对管道焊口进行表面处理，刮除管材、管件焊接区域外表面的氧化层，刮除区域长度为电熔套筒长度的一半，除去碎屑。将刮好的管材插入内壁洁净的电熔套筒，用夹具固定好预焊的组合件，打开管件帽，接好焊机导线，开机进行自动模式焊接。焊口应按要求进行拉伸屈服强度和断裂伸长率检查。

大口径PE管道也可采用热熔焊接，焊机采用PE全自动热熔焊机。焊接前应保持PE管道自然顺直，焊接口应保持清洁，无灰尘杂质，由PE全自动热熔焊机实现切削和热熔焊接。

施工单位应做好PE管道焊接记录，将自动焊机生成的焊接时间、地点、气温，以及焊接操作人员、焊接序号等信息，逐一收集整理，纳入工程竣工资料。

（4）管道敷设：管道在管沟中呈蛇形敷设，在温度变化时管道能自由移动。PE管施工时，在管道的节点处三通、弯头、变径处应设电子标签，直管段每50m设一个电子标签；在距管顶正上方约300～500mm处应设塑料保护板进行保护，板上有警示标识的一面应向上敷设。

（5）管道测量：庭院管道敷设后，施工单位应委托专业测量机构实施庭院管测量，记录管道节点三通、弯头、变径处的坐标点，以及每50m直管段的管道坐标信息，记录管道的PE配料级别、口径、长度等信息，形成庭院燃气管道测量报告，由施工单位汇总进工程竣工资料，由城市燃气企业录入燃气管网信息系统。

（6）回填：管道安装验收合格后，先用河沙填实在管沟内0.1m厚，然后下管再用河沙填实管两侧及管顶0.1m，再填土，填土不得含有砖、石块、垃圾等杂物。回填土应分层夯实，每层厚度0.2～0.3m，管道两侧面及管顶以上0.5m内的回填土用人工夯实，当回填土超过管顶0.5m时，用小型机械夯实，并分层做管顶密实度试验，达到回填土夯实密实度试验要求，图7-4为回填土断面图。

（胸腔回填土90％；管顶0.5m内90％；上部回填土与相应地面的密实度要求一致）

（7）阀门安装、阀门井砌筑：阀门必须坐落在实土上，如果是虚土层必须进行分层夯实，最后一层

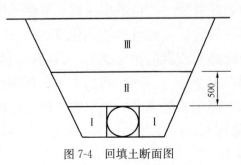

图7-4　回填土断面图

用 7∶3 碎石砂层夯实，对有地下水的地方，还需垫 100mm 厚卵石层。阀门安装后，周围 100mm 范围内填干沙至阀体上方，用原土回填并分层夯实，密实度不应低于 90%，再放混凝土固定板及砌操作井。如果阀门设在人行道或路面处，操作井与人行道或路面平齐；如果阀门设在绿化带处，操作井高出草坪 200mm。

（8）吹扫：采用压缩空气石棉板爆破吹扫。用于爆破吹扫的管道隔板为 3mm 厚的石棉板，分段长度为 300～500m，气体温度不宜超过 40℃，当吹出的气流无铁锈，无污物为合格，并做好记录。

（9）试压

1）强度试验：试验介质为压缩空气，中压管道试验压力为 0.45MPa（4.5kg/cm²），达到试验压力后稳压 1h，然后仔细进行外观检查，并对法兰连接部位用涂刷肥皂水的方法检查，如不漏气，压力表读数不下降，目测无变形为合格。

2）气密性试验：试验介质为压缩空气，中压管道试验压力为 0.345MPa（3.45kg/cm²），试验开始之前，应向管内充气至试验压力，保持一定时间，达到温度，压力稳定，气密性试验时间为 24h，压力降不超过式（7-1）计算结果为合格。

试验实测的压力降应根据在试压期间管内温度和大气的变化按式（7-2）予以修正：

（10）路面恢复：庭院燃气管道压力试验合格后，应按照原路面情况恢复。恢复路面时，应在管道节点-三通、弯头及直管段每 50m 处，设置地面燃气警示标志桩，标注"燃气"、流向或抢修电话等字样。若路面为通行道路或人行道，燃气警示标志桩应与路面平齐；若庭院燃气管道上方为草地等，燃气警示标志桩应高出草地平面 10cm 以上。燃气警示标志桩采用铸铁材料或高分子复合材料，具体由当地城市燃气企业确定，图 7-5 为草地上的燃气警示标识。

7.5.3 质量保证计划

1. 控制指标

质量：优良，分项工程质量优良率为 90%。

安全：无安全事故。

2. 控制措施

瓶改管工程项目部应建立合理的组织机构，采用先进的施工技术，对

图 7-5　草地上的燃气警示标识

人力资源进行充分的培训，控制检验措施表如表 7-9 所示。

控制检验措施表　　　　　　　　　　　　　　　　表 7-9

序号	关键工序质量控制点	措施
1	管道焊接	1. 不得使用药皮开裂、剥落、变质或焊芯严重锈蚀的焊条； 2. 焊条使用前，应按规定进行烘烤； 3. 焊前，对母材坡口及其两侧进行清理彻底，清除油污、水分、锈斑等脏物； 4. 选择中等的焊接电流，使熔池达到一定温度，防止焊缝金属冷却过长，以便熔渣充分浮出； 5. 收弧时填满弧坑
2	防腐涂漆	1. 涂漆前，必须彻底清理管表面锈蚀，使管子表面露出金属光泽，管子表面清理干净后，应尽快涂上底漆，防止再生锈； 2. 管子涂漆时，要均匀，防止漏刷
3	流量表安装	1. 流量表与墙的净距不小于 5cm，且流量表前后接管严禁坡向流量表； 2. 流量表读数表盘中心线标高宜为地（楼）面+1.5m，以方便日后抄表； 3. 调压器宜水平安装，也可垂直安装，但不能侧装，在距调压两端不大于 0.5m 处应装管卡以免调压器受损； 4. 严禁带表焊接
4	沟槽开挖	1. 沟槽开挖前必须根据设计图纸定位放线，并测地面标高，计算挖深。然后放开挖线； 2. 开挖沟槽时，根据土质情况放坡，必要时设置挡土支撑，沟底为非自然时，要作处理； 3. 槽底高度允许偏差±15mm

续表

序号	关键工序 质量控制点	措施
5	管道防腐	1. 涂漆前，必须彻底清理管道表面泥土、水分等杂物，特别是管子表面的锈蚀必须清理干净，使管子表面露出金属光泽，管子表面清理干净后，应尽快涂上底漆，防止再生锈； 2. 管子涂漆时，要均匀，防止漏刷； 3. 穿墙管道及钢塑转换钢管侧焊口采用热收缩套进行防腐
6	吹扫试压	1. 埋地燃气管道吹扫口应设在开阔地段并加固； 2. 埋地燃气管试压应在管沟回填后进行
7	管沟回填	1. 管道的四周需填沙 100mm； 2. 每填 20～30cm 土层夯实一次，夯实密实度符合要求

7.5.4 消防、环保及安全文明施工措施

（1）进入施工现场必须戴好安全帽，系好帽带，并正确使用个人劳动保护用品。

（2）严禁赤脚或穿高跟鞋进入施工现场。

（3）严禁酒后或带病上岗作业。

（4）工作时间不准打闹、争吵、唱歌或做其他狂妄行为，思想要集中，坚守岗位，未经许可不得从事非本工种工作，服从领导和安全检查员指挥。

（5）沟槽开挖时，应有专人看护，并将土方清理至管沟边 1m 以外，以防塌方。

（6）各种电动工具必须有可靠有效的安全防护、安全接地和防雷装置，方能开动使用，不懂电气和机械的人员，严禁使用和玩弄机电设备。

（7）吊装区域非操作人员严禁入内，吊装机械必须完好，吊臂垂直下方不准站人。

（8）不得在禁止吸烟的地方吸烟、动火。

（9）在施工现场行走要注意往来车辆，按指定道路走，不得为走近路而穿越危险区。

（10）严禁攀登脚手架、井架或随吊盘上下，对各种安全防护保险装置、设施、警告牌和标志等不准随意拆除和挪动。

（11）必须做好消防、环保工作。

（12）瓶改管工程安全文明施工标准化如表 7-10 所示。

瓶改管工程安全文明施工标准化

表 7-10

一、施工前准人要求

序号	执行范围	执行标准	图示	相关证件/机具/标牌/记录	相关要求与说明
1		施工人员必须持有所从事工作的从业资格证方可上岗		从业资格证	工种: 项目经理、PE 焊工、电焊工、质量检查员、安全员、电工、高空作业人员及其他特种作业人员
2	施工人员要求	施工人员上岗前, 必须经过培训机构上岗再培训, 并取得相应作业证件		施工企业从业人员再培训上岗合格证	工种: PE 焊工、管工、施工管理人员
3		施工单位必须按照实名制要求, 向建设单位提交项目人员的基本信息, 包括姓名、年龄、资格等		《人员基本信息表》	工种: 项目经理、PE 焊工、电焊工、质量检查员、安全员、电工、高空作业人员

续表

序号	执行范围	执行标准	图示	相关证件/机具/标牌/记录	相关要求与说明
4	施工人员要求	施工人员上岗前，必须进行三级安全教育，并且有相应的培训记录		《三级安全教育记录表》	全体施工人员
5		施工人员上岗前，施工单位必须为其制作工作牌，要求施工人员随身携带	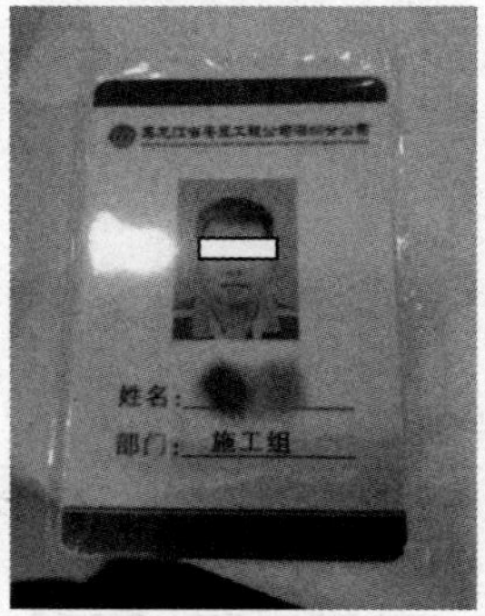	工作牌	全体施工人员

续表

序号	执行范围	执行标准	图示	相关证件/机具/标牌/记录	相关要求与说明
6	施工机具设备要求	施工机具必须为正规单位生产，符合国家相关产品标准的规定，具有产品合格证		施工机具	随机附带产品合格证
7		施工机具必须能正常使用，不存在任何使用功能故障		施工机具	使用前做好初步检测
8		需定期检验的施工机具，必须在检验有效期内	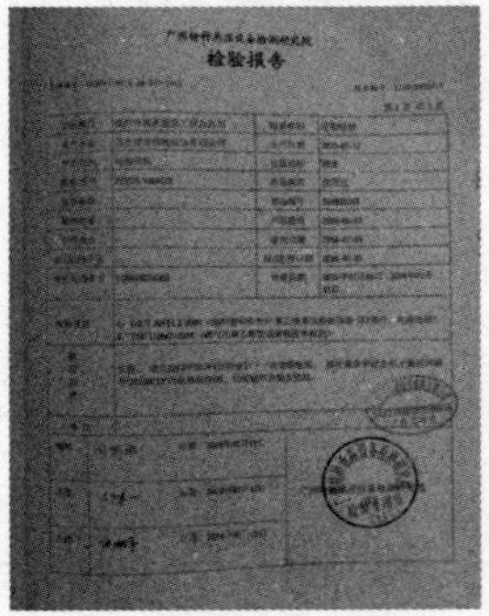	PE 焊机、发电机、坐标测量设备、配电箱	一

续表

序号	执行范围	执行标准	图示	相关证件/机具/标牌/记录	相关要求与说明
9		施工单位应建立以项目经理为第一责任人的各级管理人员安全生产责任制	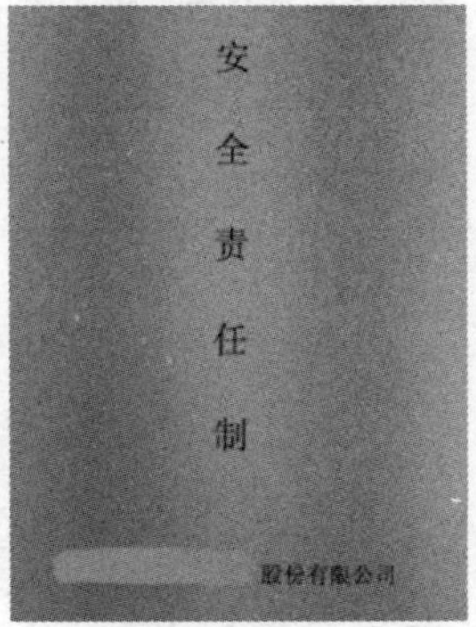	《安全生产责任制》	—
10	施工单位安全管理制度要求	施工单位在施工前应编制施工组织设计、施工组织设计应针对工程特点，施工工艺制定安全技术措施		《施工组织设计》	经审批后实施

续表

序号	执行范围	执行标准	图示	相关证件/机具/标牌/记录	相关要求与说明
11	施工单位安全管理制度要求	施工单位应建立安全检查制度，安全检查应由项目负责人组织、专职安全员及相关专业人员参加，定期进行并填写检查记录		《安全检查制度》《检查记录表》	—
12		施工单位应针对工程特点，制定应急救援预案		《应急救援预案》	按预案定期开展应急演练

二、劳动保护用品穿戴要求

| 13 | 劳动保护用品穿戴要求 | 现场施工人员应穿着统一劳保服装，穿戴整齐 | | 劳保服 | — |

续表

序号	执行范围	执行标准	图示	相关证件/机具/标牌/记录	相关要求与说明
14	劳动保护用品穿戴要求	所有进入施工现场的人员应佩戴安全帽		安全帽	安全帽符合《头部防护 安全帽》GB 2811—2019 的要求
15		现场施工人员应根据操作业需要穿着具备特定保护功能的劳保鞋		劳保鞋	符合《足部防护 安全鞋》GB 21148—2020 相关要求
16		套丝作业时应佩戴防护镜，严禁佩戴手套		护目镜	—

续表

序号	执行范围	执行标准	图示	相关证件/机具/标牌/记录	相关要求与说明
17	劳动保护用品穿戴要求	切割、打磨、使用电钻作业时应佩戴护目镜		护目镜	—
18		在夜间、行车道路或有移动机械使用的区域应穿反光衣		反光衣	—
19		焊接作业时应佩戴焊工手套，使用焊工面罩		焊工手套、焊工面罩	—

续表

三、工程项目标牌设置要求

序号	执行范围	执行标准	图示	相关证件/机具/标牌/记录	相关要求与说明
20	劳动保护用品穿戴要求	高处作业时必须正确佩戴安全带		安全带	安全带应高挂低用
21	标牌设置要求	应在施工区域门口处或作业区域显著位置设置"五牌一图"		工程概况牌、管理人员名单、消防保卫牌、安全生产牌、文明施工牌、施工现场总平面图	五牌一图底色为蓝色、白色字体
22		标牌设置应规范、整齐、统一		五牌一图	—

续表

四、围挡设置

序号	执行范围	执行标准	图示	相关证件/机具/标牌/记录	相关要求与说明
23	市政道路施工围挡设置	市区主要路段及一般路段的工地应设置封闭固定式围挡，条件不允许时可设置移动式围挡		固定式围挡、铁马围挡、水马围挡	固定式围挡高度不小于 1.8m
24		非市政道路施工的工地，可设置移动式铁马围挡或移动水马围挡隔离		铁马围挡、水马围挡	铁马围挡： 1. 材质：Q235 钢管与镀锌板； 2. 尺寸：1500mm(长)×1050mm(高)； 3. 颜色：黄黑相间。 水马围挡： 1. 材质：高强高韧塑料； 2. 尺寸：1500mm(长)×650mm(高)； 3. 颜色：红色
25	非市政道路施工围挡设置	采用铁马围挡时应加装防尘网，防止泥土、石块等杂物跑出围挡范围		防尘网	防尘网颜色：绿色

续表

序号	执行范围	执行标准	图示	相关证件/机具/标牌/记录	相关要求与说明
26	非市政道路施工围挡设置	围挡均采用全封闭围挡，围挡之间连接紧密，不留缝隙，所有施工机具、作业活动必须在围挡区域内，围挡应稳定、整齐、稳固、美观		铁马围挡、水马围挡、防尘网	—
27	高空作业围挡设置	高空作业时，吊篮周围必须用围挡隔离成保护区域		铁马围挡	围挡区域面积：不少于吊篮底面积的1.5倍
28	推广宣传	可在围挡上悬挂、张贴公益广告，天然气清洁环保等宣传内容		宣传图片、宣传画	1. 尺寸：按照固定（或移动式）围挡高度及宽度制作； 2. 满足政府有关部门对公益广告要求； 3. 宣传推广资料应符合"瓶改管"要求

续表

五、施工现场警示标志设置

序号	执行范围	执行标准	图示	相关证件/机具/标牌/记录	相关要求与说明
29	市政道路施工警示标志设置	在车行道路上施工时，道路允许的条件下应设置交通疏解标志		交通疏解标牌、车辆导向牌、反光锥、夜间警示灯	1. 交通疏解标志起点设置：围挡区域来车方向之前 200m、150m、100m、50m。（具体根据道路实际情况决定）；2. 交通疏解标志设置间距：50m；3. 每处分别设置：1 块"前方施工"牌、1 块车辆导向牌、反光锥若干、1 块夜间警示灯
30		设置"前方施工"牌、车辆导向牌应符合要求	前方施工 1km	"前方施工"牌、车辆导向牌	1. 尺寸：800mm（长）× 300mm（宽）；2. 底色及字体颜色："前方施工"牌为蓝底白字、车辆导向牌为黄底黑相间
31		在作业区域围挡外侧的起止点应分别设置开挖许可公示牌、天然气施工告示牌各 1 个	天然气市政管道施工 敬请原谅	开挖许可公示牌、天然气施工告示牌	1. 尺寸：1200mm（长）× 800mm（宽）；2. 底色及字体颜色：黄底黑字

续表

序号	执行范围	执行标准	图示	相关证件/机具/标牌/记录	相关要求与说明
32		沿道路方向的作业区域围挡上应悬挂"安全用电""禁止跨越""当心坑洞"等安全警示牌	 	安全警示牌	1. 设置间隔：50m； 2. 小于50m的作业区域三块安全警示牌必须全部悬挂； 3. 尺寸：400mm（长）×500mm（宽）； 4. 底色及字体颜色：红底白字或黄底黑字
33	市政道路施工警示标志设置	在交通疏解牌处及围挡区域设置反光锥		反光锥	1. 交通疏解牌处设置：1～2个反光锥； 2. 围挡区域设置：首末两端各设置1个反光锥，沿围挡区域每25m设置1个反光锥
34		在市政道路围挡前端的交通疏解告示牌及围挡区域应加设夜间警示灯		夜间警示灯	1. 警示灯悬挂在围挡的上端； 2. 围挡区域首末两端各设置1个夜间警示；1个夜间警示灯，沿围挡区域每50m设置1个夜间警示； 3. 作业区域小于50m，除首末端设置警示灯外，中间应加设警示灯1个

续表

序号	执行范围	执行标准	图示	相关证件/机具/标牌/记录	相关要求与说明
35		应在铁马围挡区悬挂"行人、车辆请绕行"牌		"行人、车辆请绕行"牌	1. 设置位置：围挡首尾处（路口处）； 2. 标牌应与铁马围挡上端平齐，居中； 3. 尺寸：700mm（长）×500mm（宽）； 4. 底色及字体颜色：黄底黑字
36	非市政道路施工警示标志设置	应在铁马围挡区悬挂"燃气施工 注意安全"牌	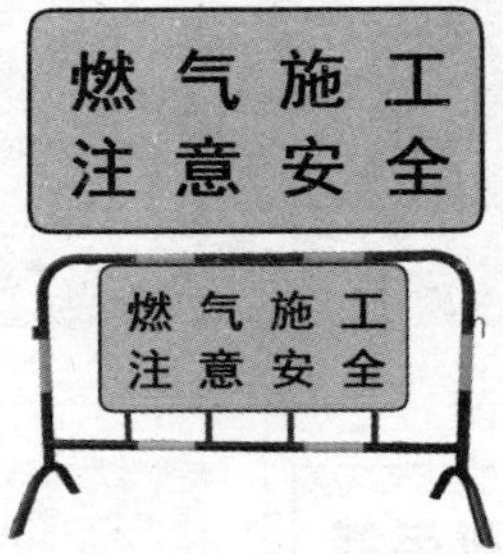	"燃气施工 注意安全"牌	1. 每个作业点必须悬挂一个"燃气施工 注意安全"牌，每隔50m应在铁马围挡上悬挂一个"燃气施工 注意安全"牌； 2. 标牌应与铁马围挡上端平齐，居中； 3. 尺寸：700mm（长）×500mm（宽）； 4. 底色及字体颜色：黄底黑字
37		应在铁马围挡区悬挂"燃气施工 不便之处 敬请谅解"字样的燃气施工告示牌	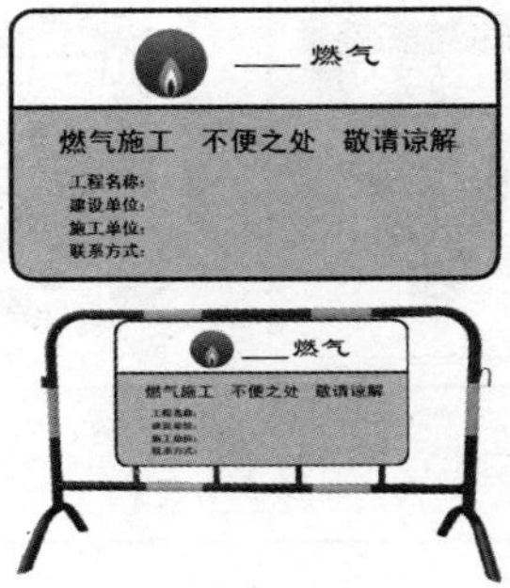	燃气施工告示牌	1. 悬挂于最显眼的铁马围挡上； 2. 标牌应与铁马围挡上端平齐，居中； 3. 尺寸：800mm（长）×600mm（宽）； 4. 底色及字体颜色：黄底黑字

续表

序号	执行范围	执行标准	图示	相关证件/机具/标牌/记录	相关要求与说明
38	非市政道路施工警示标志设置	应在铁马围挡区悬挂夜间警示灯	 	夜间警示灯	1. 围挡拐角处应加设夜间警示灯； 2. 围挡区域的首末两端各设置1个夜间警示灯，沿围挡区域每50m设置1个夜间警示灯； 3. 作业区域警示灯小于50m，除首末端设置警示灯外，中间应加设警示灯1个
39	高空作业警示标志设置	吊篮下的铁马围挡应悬挂"高空作业 请勿靠近"牌，"高空施工，燃气施工注意安全"牌	 	"高空作业 请勿靠近"牌，"燃气施工 注意安全"牌	1. 标牌应与铁马围挡上端平齐，居中； 2. 尺寸：700mm(长)×500mm(宽)； 3. 底色及字体颜色：黄底黑字

续表

序号	执行范围	执行标准	图示	相关证件/机具/标牌/记录	相关要求与说明
			六、临时用电		
40	临时用电	临时用电方案应经监理工程师审批		《临时用电方案》	—
41		发电机采用静音发电机		发电机	铭牌标识：噪声不大于 70dB
42	配电线路	现场电线应布置整齐，电线接头大部分，与其他金属管道相近部分做好绝缘保护措施		绝缘材料	—

续表

序号	执行范围	执行标准	图示	相关证件/机具/标牌/记录	相关要求与说明
43		电缆线无龟裂、破皮，破损；线路在过道、路口敷设时应设可靠保护；线路在电杆上敷设时应用横担固定，绝缘子分挡架设		电杆、绝缘子	—
44	配电线线路	如果直接将电线敷设在钢筋、铁丝、管道、脚手架等导电材料上，须做好绝缘措施		绝缘材料	—
45		架空线路的挡距（两固定点间距）符合要求		绝缘电缆支架	挡距：不得大于35m

续表

序号	执行范围	执行标准	图示	相关证件/机具/标牌/记录	相关要求与说明
46	配电箱、开关箱	总配电箱中，应在电源隔离开关的负荷侧增加负荷开关和漏电保护器		配电箱、漏电保护器	—
47		分配电箱与开关箱设置距离符合要求		配电箱	距离：不大于30m
48		配电箱应符合"一机、一闸、一漏、一箱"		配电箱	—

续表

序号	执行范围	执行标准	图示	相关证件/机具/标牌/记录	相关要求与说明
49	配电箱、开关箱	开关箱漏电保护装置在设备负荷侧		漏电保护装置	漏电保护装置距离设备不大于3m
50		移动临时配电箱高度设置符合要求		配电箱	箱底安装高度一般在0.6～1.5m
51		配电箱底进出线，不混乱，箱内无杂物，有门有锁，有防雨措施	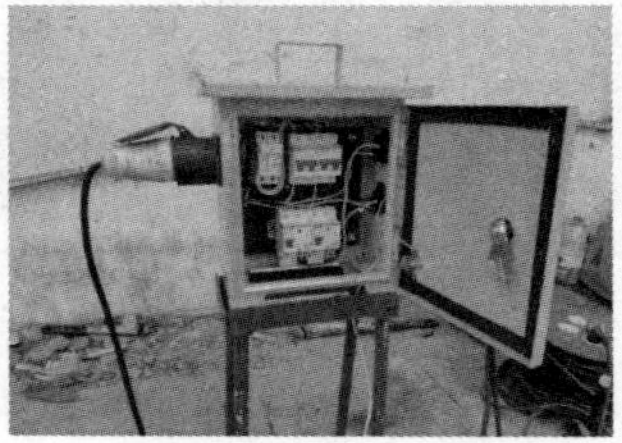	配电箱	—

117

续表

序号	执行范围	执行标准	图示	相关证件/机具/标牌/记录	相关要求与说明
52		配电箱闸具齐全完好		配电箱、闸具	—
53	配电箱、开关箱	配电箱做好接地及零线保护		配电箱、接零线	—
54		施工人员离开作业现场时，妥善处置配电箱、开关箱		配电箱、开关箱	配电箱、开关箱存放至安全区域

续表

序号	执行范围	执行标准	图示	相关证件/机具/标牌/记录	相关要求与说明
55		施工现场的电动机具定期检查和维护保养		《检查记录表》《维护保养记录表》	—
56	电动机具	1. 有保护接地装置的机具必须进行保护接地； 2. 手持式电动工具的电缆线不得改装； 3. 手持式电动工具的外壳、手柄、插头、开关、负荷线等必须完好无损		接电线	接电线须固定
57		施工人员离开作业现场时，妥善处置电动机具		电动机具	切断电动机具的电源

119

续表

七、材料存放要求

序号	执行范围	执行标准	图示	相关证件/机具/标牌/记录	相关要求与说明
58	工棚内要求	1. 电线不得乱拉乱接，所有电线必须用套管保护；2. 接插座按电器安装要求进行设置；3. 严禁使用电热毯、热得快、电热丝炉等大功率电器		电线、套管、插座	人员离开的时候，电源必须断开
59	材料存放	户外临时存放管材应妥善保管		支架、彩条布、帆布、保护管盖	1. 应水平堆放在平整的支撑物或地面上；2. 堆放高度不宜超过 1.5m；3. 用彩条布或帆布进行遮盖；4. 管道两端应有保护管盖
60		施工用的聚乙烯管件应妥善保管		储物箱	1. 应存放在防水、防晒的储物箱内；2. 包装袋不得破损

续表

序号	执行范围	执行标准	图示	相关证件/机具/标牌/记录	相关要求与说明
61	材料存放	油漆等易燃物品应妥善保管		油漆、稀释剂等	应存放在危险品存放区，不得混存于其他区域

八、地下管道安装

序号	执行范围	执行标准	图示	相关证件/机具/标牌/记录	相关要求与说明
62	开挖	在地下水位较高的地区或雨期施工时，应采取降低水位或设排水清沟，及时清除沟内积水		开挖工具、排水设备	确保管沟内无积水
63		堆土的摆放应充分考虑现场布管情况，不乱堆放		开挖工具	堆土距离管沟边缘不小于0.2m，高度不应超过1.0m

续表

序号	执行范围	执行标准	图示	相关证件/机具/标牌/记录	相关要求与说明
64	开挖	若开挖的土壤为不坚实的土壤，应及时做连续支撑		支护木板、支撑杆	采用坚固的木板进行支护
65	泥土清运	施工现场应设置防止泥浆、污水、废水污染环境的措施		排水设备、运输车辆	—
66		余土应当天及时运离现场		运输车辆	—

续表

序号	执行范围	执行标准	图示	相关证件/机具/标牌/记录	相关要求与说明
67	过路管沟保护	道路上的管沟开挖后，应尽快安装管道，对管沟进行回填、夯实，如道路距离管沟较宽，应在管沟上方铺设钢板		钢板	钢板尺寸应覆盖盖沟，满足车辆承重要求

九、地上管道安装

序号	执行范围	执行标准	图示	相关证件/机具/标牌/记录	相关要求与说明
68	地上管道安装	管道安装时，不得在同一立面上下同时施工，避免与其他人员交叉作业		警示带、安全帽	管道安装时，管道下方不允许同步施工
69		打孔、打墙洞前要确认周边环境安全，施工过程中要采取措施防止碎渣、碎屑等杂物坠落砸到周边人员		警示带、挡板	—

续表

序号	执行范围	执行标准	图示	相关证件/机具/标牌/记录	相关要求与说明
70		管道焊接时须采取措施防止焊渣飞溅		阻火挡板	可使用焊渣接火斗等
71	地上管道安装	管道吊运时，需要在管道运营范围地面设置警戒区，警戒区内不得站人，警戒区外必须设专人看护		警示带	—
72		作业完成后应将管道端部临时封堵严密，防止异物进入		扳手、堵头、水胶布	—

续表

序号	执行范围	执行标准	图示	相关证件/机具/标牌/记录	相关要求与说明
			十、高处作业		
73	通用要求	作业前应按规定办理方案审批，未经批准不得作业	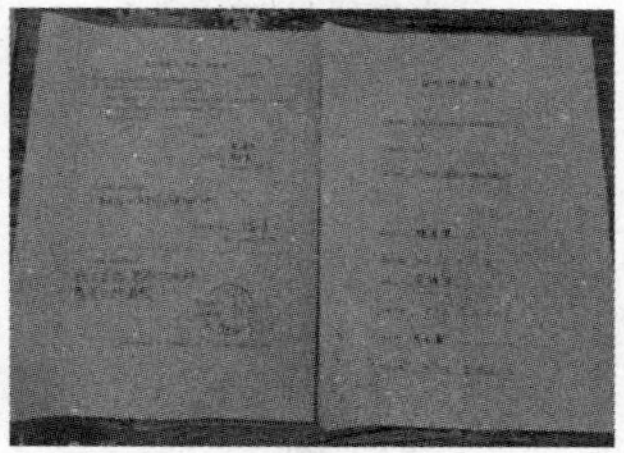	《高处作业方案》	—
74		作业前应进行安全技术交底并签字确认，落实所有安全技术措施和人身防护用品		《安全技术交底记录》	—
75		作业前作业人员、现场监护人员应检查相关安全设施是否坚固、可靠，确认所有安全设施及有关措施足够安全后方可开始进行高处作业		安全帽、安全带等	施工人员必须正确佩戴安全帽及安全带，安全带应高挂低用

续表

序号	执行范围	执行标准	图示	相关证件/机具/标牌/记录	相关要求与说明
76		六级及以上大风或雷电、大雾等天气，严禁作业		施工晴雨表	应关注近期气象预报，做好天气记录，极端天气严禁施工
77		高处作业工具和小型材料应用工具袋盛装，严禁上下投掷，作业工具采用防坠绳保护		工具袋	—
78	通用要求	作业人员安全带应高挂低用，不得采用低于腰部水平的柔挂方法，严禁用绳索捆在腰部代替安全带		全身式安全带	—

续表

序号	执行范围	执行标准	图示	相关证件/机具/标牌/记录	相关要求与说明
79	通用要求	酒后、过度疲劳、情绪异常者不得上岗进行高处作业	 禁止酒后上岗	《施工日志》	施工前班组交底会上，应观察施工人员精神状态，状态异常人员不得进行高处作业，并记录在施工日志
80	吊篮作业	电动吊篮安装完毕后，安装公司应与施工单位办理交验手续，监理公司核查交验手续	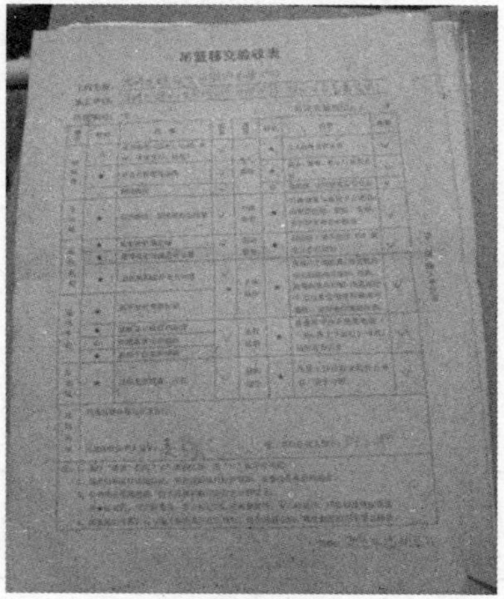	《吊篮移交验收表》	—

续表

序号	执行范围	执行标准	图示	相关证件/机具/标牌/记录	相关要求与说明
81	吊篮作业	安全绳应固定在建筑物可靠位置上，不得与吊篮上任何部位连接		安全绳	—
82		作业人员应将安全带用安全锁扣正确悬挂在独立设置的专用安全绳上		安全锁扣	—

续表

序号	执行范围	执行标准	图示	相关证件/机具/标牌/记录	相关要求与说明
83		吊篮内应设密目式防护网，防止吊篮内的机具、材料掉落		防护网	—
84	吊篮作业	吊篮内的施工人员只能有 2 人		机械吊篮	—
85		作业人员应于吊篮停稳在地面后进出		机械吊篮	—

续表

序号	执行范围	执行标准	图示	相关证件/机具/标牌/记录	相关要求与说明
86	吊篮作业	严禁在吊篮内使用梯子、凳子、垫脚物等进行垫高作业		机械吊篮	—
87		机械吊篮配重块数量应经过核算，严禁少放，左右不均等，配重块外观应完好无裂纹，摆放须平稳		配重块	—
88		吊篮下方地面为行人禁入区域，须做好隔离措施，并设有明显的警告标志，作业时有人监护		铁马围挡、警示牌	—

续表

序号	执行范围	执行标准	图示	相关证件/机具/标牌/记录	相关要求与说明
89		脚手架搭设前，施工单位应编制脚手架搭设和拆除方案，经监理单位审批通过后，方可进行脚手架搭拆作业	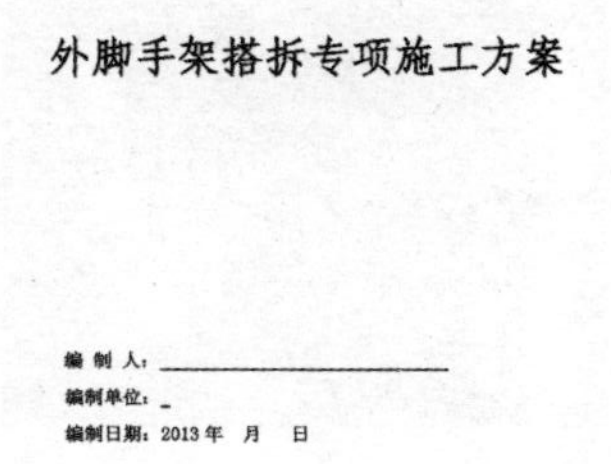 外脚手架搭拆专项施工方案 编制人：——— 编制单位：——— 编制日期：2013 年 月 日	《脚手架搭设方案》《脚手架拆除方案》	—
90	脚手架作业	脚手架搭设和拆除过程中，施工单位的安全员或兼职监督员必须在现场监护，同时应划定警戒区域并设置警示标识，禁止非作业人员入内或通行		警示带、警示标识	脚手架搭设后，需用密目式防护网覆盖

续表

序号	执行范围	执行标准	图示	相关证件/机具/标牌/记录	相关要求与说明
91		脚手架搭设完毕,施工单位的安全管理人员或方案编制方按规范和方案的要求进行验收		验收记录	—
92	脚手架作业	脚手架使用期间必须定期检查,大风、大雨后应进行全面检查,如有松动、折裂或倾斜等情况,应及时紧固或更换		脚手架专项检查表	—

续表

序号	执行范围	执行标准	图示	相关证件/机具/标牌/记录	相关要求与说明
93	脚手架作业	脚手板按要求应铺满、铺稳,两端应与支撑杆可靠固定		脚手板	—
94		脚手架拆除时,应按顺序由上面下,一步一清,不准上下同时作业		脚手架	严禁整排拉倒脚手架和同时拆除与墙体连接的横杆
95		脚手架拆下的架杆、连接件、脚手板等材料,应采用向下传递或绳索吊下的方式,严禁向下投掷		绳索	—

133

续表

序号	执行范围	执行标准	图示	相关证件/机具/标牌/记录	相关要求与说明
96	高处作业车	高处作业施工作业前要确认做好施工交底		《安全技术交底记录》	—
97		高处作业车旋转半径或作业范围内，应做好围挡、有专人指挥		围挡、警示带等	—
98		高处作业车施工人员应固定施工机具、防止机具、施工材料掉落		高处作业工具包	—

续表

序号	执行范围	执行标准	图示	相关证件/机具/标牌/记录	相关要求与说明
			十一、工棚设置		
99		工棚应设置在项目红线内，如果必须设置在红线外，必须取得相关城市管理部门同意		临时板房、施工项目部等	—
100	工棚设置	工棚内根据实际施工情况，可设置材料堆放区、加工区、机具存放区、危险品存放区、生活区等，各区域应分区明确，标识清楚，实施有效隔离，人员生活区区必须与其他地区区域完全隔离		标示牌	—
101		工棚入口及显眼位置宜悬挂"进入施工现场必须佩戴安全帽""安全用电"等有关标牌		警示牌	—

续表

十二、消防要求

序号	执行范围	执行标准	图示	相关证件/机具/标牌/记录	相关要求与说明
102	消防要求	每个施工点、加工点、动焊点应该配置不少于一个 4kg 灭火器（ABC 干粉），生活区、材料堆放区等应该配置不少于两个 4kg 灭火器（ABC 干粉）		灭火器	—
103		灭火器的压力应处于正常使用范围，压力表指针处于绿色区域，喷管橡胶无龟裂		灭火器	应定期通过指标确认灭火器是否超压或欠压
104		每月对灭火器检查一次，并悬挂检查记录卡，有保养记录		检查记录卡	—

续表

序号	执行范围	执行标准	图示	相关证件/机具/标牌/记录	相关要求与说明
105		电气焊接作业现场 10m 范围内不得堆放塑料、木材等易燃物，并有相应保护措施，焊接结束后地面无焊条或焊条头		灭火器	—
106	消防要求	作业时氧气瓶与乙炔瓶距离应保持 5m 以上，气瓶距明火距离应大于 10m		灭火器、灭火毯等	—
107		施工现场严禁吸烟	施工现场 严禁吸烟	"施工现场 严禁吸烟" 警示牌	—

注：本标准化适用于城市燃气瓶改管工程。

137

7.5.5 竣工验收

（1）施工单位应对工程施工质量自行检查，且合格，做好竣工验收准备。

（2）工程施工完毕，各系统外观质量检查合格。

（3）施工单位应对燃气管道系统自行检查、试压，且合格。

（4）完工后将施工现场打扫干净。

（5）建设单位组织施工单位、设计单位、监理单位、城市燃气企业开展工程验收。

（6）验收合格后整理竣工资料（竣工图、文字资料等），送审存档。

（7）项目竣工验收合格后，建设单位组织向城市燃气企业办理工程移交、供气手续。

（8）项目部组织开展项目结算，协调建设单位支付工程尾款等。

7.6 瓶改管工程施工监理

瓶改管工程实行强制监理，监理单位由建设单位通过招标等方式确定。

7.6.1 开工前监理工作

根据项目工程规模设总监理工程师一名、监理工程师若干名。总监理工程师负责组建城市燃气瓶改管工程项目监理机构，统筹开展项目监理工作。

1. 项目监理单位联系施工单位、建设单位，收集以下资料

（1）与建设工程相关的法律、法规及项目审批文件。

（2）与建设工程项目有关的标准、设计文件和技术资料，包括但不限于以下资料：施工图纸、审图意见（及回复）、供气意见、施工组织设计及有关专项方案等。

（3）与建设工程有关的合同文件：总包合同及分包合同。

2. 图纸会审和设计交底

图纸会审和设计交底前由总监理工程师组织项目监理机构对项目实施合规性审查；审查施工组织设计、安全文明施工专项方案等，图纸会审和技术交底前施工单位必须完善施工组织设计的编制及审查并通过项目监理单位审批。

图纸会审与设计交底在项目合规性审查通过后进行，由监理单位主持，各参会单位分别介绍到会人员，核实参会单位及参会人员是否符合要求并进行书面签到，签到后开始图纸会审与技术交底。

参会人员包括建设单位项目负责人、施工单位项目经理、监理单位总监理工程师、项目设计负责人、城市燃气企业代表，以上人员缺一不可，四方主体责任主要人员需在签到表中留下邮箱及电话，用于完善资料及定期联系。

3. 图纸会审要点

（1）审查设计文件的有效性。

（2）设计图纸是否满足工艺及施工的需要。

（3）与其他专业设计图纸是否有矛盾和不一致的地方。

（4）所采用的新技术、新工艺、新材料是否通过技术鉴定。

（5）所采用的新技术、新工艺、新材料是否适用于本工程。

（6）核实施工现场与图纸内容是否一致，气源接驳点与图纸平面图位置是否一致。

4. 技术交底要点

（1）设计单位介绍设计意图、工程特点及本专业的施工要求。

（2）设计单位提出施工过程中应特别注意的事项。

（3）施工单位提出需要解决的施工技术问题，设计单位予以答复，以满足正常施工要求。

（4）各与会单位提出相关问题，设计单位及建设单位或相关单位予以答复。

图纸会审与技术交底后，项目监理单位将图纸会审中发现的问题，技术交底中各方提出的问题及商定处理意见汇总并最终形成会议纪要，各相关单位无异议后在会议纪要上签字确认。

7.6.2 开工审查

1. 开工资料审查

总监理工程师组织项目监理单位依据国家有关工程建设的法律、法规、施工合同、监理合同及工程设计文件对建设工程的开工资料进行审查：

（1）审查施工组织设计及相关专项方案是否编制完成并经审批合格。

（2）检查项目政府准许工程施工的相关批准文件。

（3）检查是否已完成图纸会审及技术交底。

（4）审查施工单位施工人员持证上岗情况。

2. 开工条件审查

资料审查合格后到现场对现场开工条件进行审查：

（1）检查"三通一平"是否符合开工条件（"三通一平"指水通、电通、进场道路畅通、场地平整符合施工要求）。

（2）现场临时设施及安全措施是否符合要求。

（3）施工单位现场质量、安全生产管理体系已建立，管理及施工人员已到位，施工机械具备使用条件，主要工程材料已落实。

（4）检查现场是否有作业面。

项目监理单位对开工资料，现场开工条件审查合格后，由总监工程师签署开工报告。

7.6.3　施工质量监理

1. 监理活动方式

监理单位需要对城市燃气瓶改管项目实施旁站、巡视、平行检验，按照项目工序分别开展。

（1）旁站。监理单位对重要的部位（关键部位、关键工序）的施工质量进行全程跟踪，全程监督的活动。

（2）巡视。监理单位在施工过程中，对正在施工的部位或者结构进行随时监督。

监理工程师常见的巡视活动范围一般就是对现场进行抽查，看看该部位是否按照图纸施工，使用的材料和构配件是否合格、施工单位的现场管理人员是否到位、操作工人的技术水平是否符合相关要求、已经施工的部位是否存在质量缺陷等。

巡视是监理工程师日常的工作，是监理工程师及时发现问题并督查施工单位解决问题的有效手段。监理工程师要将日常巡视的实际情况填写到监理日记中，应每日填写，不能缺漏，其作用相当于施工单位施工员填写的施工日记。

（3）平行检验。监理工程师利用一定的检查或检测手段，在施工单位自检合格的基础上，按照一定的比例独立进行的工程质量检测活动。这里需要强调的是独立性，监理工程师在监理过程当中，需要保持独立性。

平行检验是施工阶段建设工程监理对工程实体进行质量控制的重要手段。

平行检验贯穿建设项目的建设周期，从工程材料、构配件到检验批，从分项工程到分部工程，从隐蔽工程到专业图纸的实施，都要进行平行检验。

监理工程师须在平行检验记录上进行签字确认，并对其真实性负责。平行检验记录要进行归档。

关键工序质量检查单对照表如表 7-11 所示。

关键工序质量检查单对照表   表 7-11

地下工程 关键工序名称	对应质量 检查单名称	地下工程 关键工序名称	对应质量 检查单名称
钢制管道连接	钢质管道连接 （平行/巡视）	图纸会审与技术交底	图纸会审及技术交底
设备安装	工商用户设备安装（平行）	PE 管焊接	PE 管连接 （平行/巡视）
（工商）报警系统	强排风系统 （平行）	隐蔽工程施工	管道隐蔽（回填）（平行）
（工商）强排风系统	工商用户报警器（平行）	吹扫	吹扫（旁站）
压力试验	试压（平行）、强度试验 （旁站）、水柱试验（旁站）	地下阀门安装	地下阀门（旁站）
		标志桩施工	标志桩（平行）
工程验收	工程验收	压力试验	试压（平行）、 强度试验（旁站）
		定向钻管道回拖	定向钻施工（旁站）
		工程验收	工程验收

2. 重点质量控制工作

（1）每项工程按设计文件进行无损检测，当设计文件无规定时按现行行业标准《城镇燃气室内工程施工与质量验收规范》CJJ 94 要求比例进行，监理人员对焊缝内部质量检查比例不少于 5％且不少于 1 个连接部位；地下室、半地下室和地上密闭房间室内燃气钢管的固定焊口应进行 100％射线照相检验，活动焊口应进行 10％射线照相检验。应在焊缝单线图上标注指定检测焊缝，监理人员和探伤人员应同时在焊缝单线图上签字，图 7-6 为管道焊口外观检测。

图 7-6 管道焊口外观检测

（2）PE 管施工检查应对一个焊接口的操作全过程进行检查，记录有关参数。

3. 监理人员质量检查单填写要求

检查单应上传必要的照片，以便反映工程实际情况。

按照工程进度分为验收前、验收中和验收问题整改时，填写不同的检查单。

（1）验收前

仅有地上管的瓶改管工程验收前应至少完成以下 3 个检查单：钢制管道连接（平行/巡视）；钢制管道探伤（平行/旁站）；工商用户设备安装（平行）。

如项目有地下管，还应填写以下质量检查单：PE 管连接（平行/巡视）；管道隐蔽（回填）（平行）；出地立管（平行）；定向钻施工（旁站）；吹扫（旁站）；地下阀门（旁站）；标志桩（平行）。

（2）验收中

工程验收中（或在验收当天），应完成试压（平行）、强度试验（旁站）、水柱试验（旁站）、工程验收检查单。

如果验收当天同时验收多个工程，无时间进行压力试验，则试压（平行）、强度试验（旁站）、水柱试验（旁站）应在工程验收前完成。

（3）验收问题整改时

在进行验收问题整改检查时，同时完成以下 2 个检查单：强排风系统（平行）、工商用户报警器（平行）。每次检查完将当天检查单生成《监理日志》。

7.6.4 高处作业审批及要求

瓶改管工程施工需要大量高处作业安装立管和环管。施工单位在施工过程中，应结合现场楼栋布局、外墙空调搭设物、行道树等综合影响，选择使用搭设脚手架、机械电动吊篮、高处作业车等方式开展高处作业，并满足设计和安全作业要求，图 7-7 为城中村瓶改管项目脚手架施工现场。

图 7-7 城中村瓶改管项目脚手架施工现场

高处作业是瓶改管工程中最常见、危险性较大的分部分项工程，施工单位需要编制高处作业专项施工方案，由施工单位技术负责人审批后，报监理单位审批后实施。受已建成建筑物、构筑物设施等影响，高处作业措施还需要考虑居民生活便利，不能影响居民正常生活出行。

（1）高处作业分级，高处作业等级的划分如表 7-12 所示。

高处作业等级的划分   表 7-12

作业等级	楼宇层数	最高作业高度
四级作业	2 层	5m（含）
三级作业	3～5 层	15m（含）

续表

作业等级	楼宇层数	最高作业高度
二级作业	6~10层(含)	30m(含)
一级作业	10层以上	30m以上

注：当楼宇层数与最高作业高度不一致时，以作业等级高的为准。

（2）高处作业审批，高处作业审批流程表如表7-13所示。

高处作业审批流程表　　　　　　　　表 7-13

作业等级	申请单位	审批人	
		施工单位 （一级审批）	监理单位 （二级审批）
四级作业	施工单位	技术负责人	总监理工程师
三级作业	施工单位	技术负责人	总监理工程师
二级作业	施工单位	技术负责人	总监理工程师
一级作业	施工单位	技术负责人	总监理工程师

（3）作业审批前，施工单位应根据作业内容和条件，开展针对性的作业危害分析，制定详细的专项方案，明确作业过程中的安全监管措施和技术条件。

（4）作业应在审批的期限及范围内开展，不得扩大作业范围、延长作业时间或转作其他作业使用。当作业环境、工艺条件改变时，应重新办理审批手续。

（5）对作业时间跨度较长的作业，现场监护、安全监护按实际阶段性作业内容要求配备，人员符合作业方案和阶段作业要求，作业按照表7-13流程进行审批，做好现场监督许可。

（6）施工单位高处作业所涉及人员应在施工单位备案，并具有相应的执业资格。

（7）高处作业人员应具备与作业相符的身体条件，经有资质的专业培训机构培训与考核合格，取得有效操作证件后方可上岗作业，严禁无证操作。

（8）高处作业人员应随身携带其有效操作证件或其证明材料，以备检查。

（9）高处作业前，现场指挥应组织作业人员召开现场作业交底会，将作业方案中的作业内容和作业要求，以及作业现场可能存在的危险有害因素、防控措施、应急处置措施告知作业人员，并签字确认。

（10）高处作业前，应对作业机具设备进行检查；吊篮及附件等特种设备应定期检验、合格且有效，吊篮、脚手架安装完毕后按规定进行验收，各项检查验收记录完整。

（11）施工现场用电安全可靠，警戒区域内使用非防爆电器设备须经现场指挥批准并采取有效防护措施。

（12）作业单位应严格按照施工方案要求开展作业，对作业单位不按规定进行作业、违反安全防护措施或违章指挥的，作业人员有权拒绝作业，现场监管人员有权阻止作业。

（13）作业现场应设置警戒区并悬挂安全警示标志，无关人员禁止进入警戒区。高处作业的警戒区域参照其坠落半径要求设置。不同高度的可能坠落半径如表 7-14 所示。

不同高度的可能坠落半径（m） 表 7-14

作业高度	2～5（含）	5～15（含）	15～30（含）	>30
可能坠落的范围半径	3	4	5	6

（14）尽量避免上、下方立体交叉作业。必须进行上、下方立体交叉作业时，不得在同一垂直方向操作，下层作业的位置，必须处于上层高度确定的可能坠落范围半径之外，上方人员应注意下方人员安全。

（15）高处作业时，吊篮安全绳固定位置、作业下方应设置监护人员，吊篮内作业人员不应超过 2 人。

（16）作业工具禁止随意投掷，设备机具摆放稳固；高处作业携带工具应采取相应的防坠落措施。

（17）在雨、霜、雾、雪等天气进行高处作业时，应采取防滑、防冻措施，并及时清除作业面上的水、冰、雪、霜。当遇有 6 级以上强风、浓雾、雾霾等恶劣天气，不得进行高处作业。

（18）作业完成后，作业人员应彻底清理作业现场，确认无安全隐患后方可离开。作业记录应准确完整，及时归档。

7.6.5 工程压力试验监理要求

监理单位应在瓶改管工程施工完毕、施工单位自检合格后，组织施工单位开展项目压力试验监理。

1. 地下中压管

（1）强度试验，0.45MPa，稳压 1h，压力表显示没有压力降为合格。

（2）严密性试验，0.345MPa，稳压 24h，压力表显示无压力降为合格。

2. 地上中压管

（1）强度试验，0.3MPa，稳压 1h，压力表显示无压力降为合格。试验范围：出地立管阀门后至调压器前阀门。

（2）严密性试验，0.2MPa，稳压 24h，压力表显示无压力降为合格。试验范围：出地立管阀门后至用气设备前的管段和设备。

3. 地上低压管

（1）强度试验，0.1MPa，稳压 0.5h，压力表显示没有压力降为合格。

（2）严密性试验，500mm 水柱，稳压 30min，应使用 U 形水柱表进行压力试验，显示没有压力降为合格。

4. 压力试验合格条件（表7-15）

压力试验合格条件   表 7-15

管道类型	强度试验	严密性试验	备注
地下中压管	0.45MPa，试验时间 1h，压力表显示没有压力降为合格	0.345MPa，试验时间 24h，压力表显示无压力降为合格	—
地上中压管	0.3MPa，试验时间 1h，压力表显示无压力降为合格	0.2MPa，试验时间 24h，压力表显示无压力降为合格	1. 强度试验范围：出地立管阀门后至调压器前阀门； 2. 严密性试验范围：出地立管阀门后至用气设备前的管段和设备
地上低压管	0.1MPa，试验时间 0.5h，压力表显示没有压力降为合格	500mm 水柱，稳压 30min，压力表显示没有压力降为合格	严密性试验使用 U 形水柱表进行压力试验
地下低压管	SDR11 管道，试验压力为 0.4MPa；SDR17.6 管道，试验压力为 0.2MPa；试验时间 0.5h，压力表显示没有压力降为合格	试验压力为 0.1MPa，试验时间 24h，压力表显示没有压力降为合格	—

7.6.6 工程验收

（1）瓶改管工程符合下列要求方可进行验收，总监理工程师组织监理机构人员负责对下列条件进行检查：

1）完成工程设计和合同约定的各项内容。

2）施工单位在工程完工后对工程质量进行了检查，确认工程质量符合有关法律、法规和工程建设强制性标准，符合设计文件及合同要求，工程资料完整，施工单位项目经理（或项目负责人）及现场负责人签名，各工序通过总监理工程师验收并签字。

3）具有完善的监理资料，各关键工序质量检查单齐全，整改单闭合。

4）设计单位完成工程中所出现的设计变更单。

5）工程相关的试验检测资料齐全，包括焊缝无损检测报告、管线测量复核报告等。

6）完成工程竣工图绘制，总监理工程师审核并签字。

7）工程具备供气条件，相关安全设施安装并调试完毕，并出具有关调试报告，包括报警器调试报告、强排风调试报告等。

（2）工程验收按下列程序开展：

1）对符合验收条件的工程，监理工程师组织建设单位、设计单位、施工单位、城市燃气企业等单位进行验收。

2）工程验收内容包括工程实物与施工资料两部分，现场核对工程实物是否与施工资料记录一致，对工程设计、施工、设备安装质量和各管理环节等方面作出全面评价。如参与验收的各方不能形成一致意见时，应当协商提出解决的方法，待意见一致后，重新组织工程验收。

3）验收后应形成《工程验收意见》，参与验收的各单位责任人应现场签字。验收中发现的问题，应在《工程验收意见》中予以记录，并限期要求责任单位实施整改。

4）总监理工程师负责组织整改问题的检查，必要时，可联合设计、供气等相关单位进行复查。

5）整改检查完成后，整理工程资料，验收资料经监理单位复查盖章，然后移交燃气企业办理供气手续。

图 7-8 为瓶改管工程重点监理环节示意图。

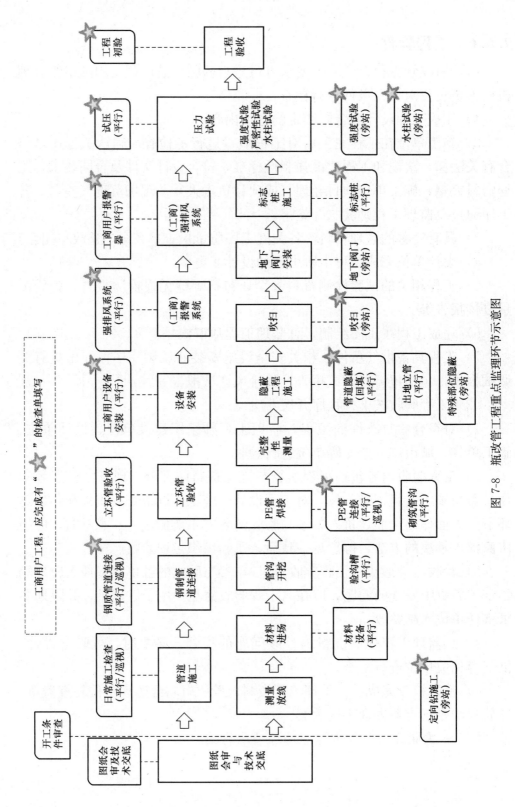

图 7-8　瓶改管工程重点监理环节示意图

7.7 案例解析——某瓶改管代建单位开展 风险评估和管控，保障施工安全

7.7.1 案例背景

某企业代建 70 个城中村约 19 万户居民瓶改管工程，安全管理任务十分艰巨。该批城中村瓶改管工程由 20 余家施工单位负责施工，各施工单位的安全风险意识和安全管理专业能力良莠不齐，施工现场安全隐患较多，安全管理难度大。

7.7.2 问题分析

为降低城中村施工安全风险，代建单位积极开展双重预防机制建设，决定将安全管理关口前移、对城中村瓶改管施工进行风险评估，识别出施工过程中的重大风险点以及需重点监管的施工项目，分别制定防范措施和管理预案。

代建单位安全总监牵头，成立城中村瓶改管施工风险评估小组、启动风险评估。评估小组先是通过"头脑风暴"的形式集思广益，汇总出城中村瓶改管施工过程中的 13 个作业单元、66 个风险项，形成《城中村瓶改管工程风险评估表》，并广泛征意见，对《城中村瓶改管工程风险评估表》进行完善和优化。为降低人为因素对评估结果的影响，又组织开展风险评估专题培训，统一评估标准，最终完成瓶改管施工中 13 个作业单元、66 个风险项的逐一评估，编制《城中村瓶改管施工风险评估报告》。

通过评估，找到以下降低施工安全风险的突破口：一是识别出重大风险 40 项，较大风险 53 项，确定施工安全管理中的关键点；二是找到机械吊篮、扣件式脚手架、高处作业车和临时用电 4 个高风险作业单元，确定需重点加强管理的薄弱环节；三是发现 5 个高安全风险等级的项目，需要进一步加强监管；四是辨识出施工安全风险较高的施工单位，重点关注，针对性强化监督管理。

7.7.3 解决措施

为确保施工安全，代建单位基于风险评估结果，制定了以下管控

措施：

（1）针对不同的施工项目，制定《城中村瓶改管网格化管理工作（试行）方案》，落实施工管理员岗位责任制，确保每个项目"一周两巡"，对高风险项目"一周多巡"，及时排查安全隐患，并督促施工单位整改到位。

（2）针对不同的施工单位，制定了《城中村瓶改管工程施工单位考核办法（试行）》，建立月度安全考核机制，每月对各施工单位进行排名、奖惩、约谈等，加大管理力度。同时通过组织施工单位安全培训、召开施工单位管理会议、开展对标学习、经常性进行警示教育等，不断提高其安全生产水平。

（3）针对施工过程中的重大风险点，制定《城中村瓶改管工程施工重大安全风险防范须知》，用简洁的文字、规范的照片明确防范措施，帮助施工工人快速掌握操作要点，避免工人在施工过程中出现"误操作"。

（4）针对现场的作业人员管理，制作一批安全宣传横幅，"以家传情"，提高作业人员安全意识；制定城中村瓶改管工程施工安全"十大禁令"，要求违规作业人员罚抄，有效降低违规作业频率。

（5）启动约谈机制。以 A 施工单位为例，由于该单位负责施工的项目中，机械吊篮作业出现了重大安全隐患，代建单位立即对该单位负责人和安全管理人员进行了约谈，要求 A 施工单位对责任班组和个人严肃处理，树立红线意识；开展全面自检自查，做好脚手架、机械吊篮等高风险作业的管控措施；立即召开安全管理会议、进行警示教育等，形成了详细的安全生产约谈记录。A 施工单位也严格按照要求，落实了各项整改措施，消除了安全隐患。

7.7.4　实施效果

两次评估结果对比发现，项目重大风险率从 2.1% 下降至 1.8%，较大风险率从 2.82% 下降至 2.80%，重大、较大风险率均有所降低；高风险项目个数由 5 个降低至 0 个，中风险项目个数由 13 个降低至 12 个，高、中风险项目占比由 43% 降低至 34%，安全风险等级明显降低。最终，该批城中村瓶改管工程施工实现安全生产事故为零的目标。

7.7.5　案例启示

（1）开展双重预防机制建设，在工程实施前先行开展风险评估，可以"化被动为主动"、提前找到降低风险的突破口。

（2）以人为本，从人、机、料、法、环5个角度，重点以提高人的安全意识和管理能力为目标，多措并举采取风险管控措施，可有效降低风险。

（3）长期坚持开展风险管控和隐患排查治理，确保安全生产零事故。

第 8 章　工程款支付及资金监管

工程款分为工程预付款、工程进度款、工程结算款、工程质量保证金等。在瓶改管实施过程中，应按照项目进度支付各类工程款项。瓶改管一般由几方共同出资，在实施过程中，普遍采用劳务分包形式，除了推行实名制和分账制管理外，还应引入第三方对全过程资金使用进行监管，避免资金使用混乱、拖欠进城务工人员资，引发进城务工人员讨薪等舆情事件。

8.1 工程款支付

工程预付款一般在施工合同签订后支付，支付比例一般为项目暂定合同价的 10%～30%；进度款根据合同约定，在项目完成一定比例时支付，可一次性支付，也可分多次支付，财政部、住房和城乡建设部联合发布《财政部 住房城乡建设部关于完善建设工程价款结算有关办法的通知》（财建〔2022〕183 号）明确，自 2022 年 8 月起，政府机关、事业单位、国有企业建设工程进度款支付应不低于已完成工程价款的 80%；结算款一般在项目结算审核完成后支付，支付时扣除项目质量保证金，将项目实际工程款一次性支付完毕；质量保证金为项目造价的 3%，瓶改管工程质量保证期为工程竣工验收后 2 年，质量保证期满且未发生工程质量缺陷维修，将质量保证金一次性支付给施工单位，瓶改管工程预付款所需准备资料及要求见表 8-1，瓶改管工程进度款所需准备资料及要求见表 8-2，瓶改管工程结算款所需准备资料及要求见表 8-3，瓶改管工程质保金所需准备资料及要求表 8-4 。

瓶改管工程预付款所需准备资料及要求　　　　　　表 8-1

序号		所需资料	资料要求	备注
施工单位所需准备资料	1	施工合同或中标通知书	复印件	—
	2	预付款保函（100 万元以上）	原件	可先行提供承诺书，并在签订合同后 2 个月内补交
	3	开工报告或承诺书	复印件	在暂未取得开工报告时，可先行提供承诺书，并在承诺书提交后 2 个月内补交
	4	工程款支付申请（核准）表	监理单位、业务单位签字、加盖公司章	—
	5	发票或收据	—	工程款支付申请（核准）表批准后，开具发票或收据（并提供 2 个月内补齐发票的承诺函）

续表

序号		所需资料	资料要求	备注
业务单位所需准备资料	6	保函验证核准表	业务单位、公司财务、结算中心签字	—
	7	合同履行情况说明（附件2）	公司财务签字	—
	8	城中村（含老区）改造项目收款情况一览表	公司财务签字、加盖公司公章	—
	9	发展改革委批复	复印件	—
	10	工程付款合规性审核表	—	用于对以上材料准备齐全的确认

瓶改管工程进度款所需准备资料及要求　　　表 8-2

序号		所需资料	资料要求	备注
施工单位所需准备资料	1	施工合同	复印件	—
	2	工程计价明细表（施工图、签证变更）	施工单位、监理单位、业务单位签字	
	3	工程款支付申请（核准）表	监理单位、业务单位签字、加盖公司章	
	4	发票	—	工程款支付申请（核准）表批准后，开具发票
业务单位所需准备资料	5	合同履行情况说明	公司财务签字	接收工程款支付申请（核准）表后，填写并签字盖章
	6	项目收款情况一览表	公司财务签字、加盖公司公章	接收工程款支付申请（核准）表后，填写并签字盖章
	7	工程付款合规性审核表	—	用于对以上材料准备齐全的确认

瓶改管工程结算款所需准备资料及要求　　　表 8-3

序号		所需资料	资料要求	备注
施工单位所需准备资料	1	施工合同	复印件	—
	2	工程（结算）审核表	复印件	—
	3	竣工报告	复印件	—
	4	工程款支付申请（核准）表	监理单位、业务单位签字、加盖公司章	接收表格后，监理单位签字盖章（2天）业务单位签字盖章
	5	档案归档资料证明	复印件	—
	6	发票	—	工程款支付申请（核准）表批准后，开具发票

续表

序号		所需资料	资料要求	备注
业务单位所需准备资料	7	合同履行情况说明	公司财务签字	接收工程款支付申请（核准）表后，填写并签字盖章（3天）
	8	项目收款情况一览表	公司财务签字、加盖公司公章	接收工程款支付申请（核准）表后，填写并签字盖章（3天）
	9	工程付款合规性审核表	—	用于对以上材料准备齐全的确认

瓶改管工程质保金所需准备资料及要求　　　　表 8-4

序号		所需资料	资料要求	备注
施工单位所需准备资料	1	施工合同	复印件	—
	2	工程（结算）审核表	复印件	—
	3	竣工报告	复印件	—
	4	保修期满质量确认表	业务部门、运行部门签字、加盖公司章	—
	5	工程款支付申请（核准）表	监理单位、业务部门签字、加盖公司章	—
	6	发票	—	核准表批准后，开具发票
业务单位所需准备资料	7	合同履行情况说明	公司财务签字	接收工程款支付申请（核准）表后，填写并签字盖章
	8	项目收款情况一览表	公司财务签字、加盖公司公章	接收工程款支付申请（核准）表后，填写并签字盖章
	9	工程付款合规性审核表	—	用于对以上材料准备齐全的确认

8.2　瓶改管资金的使用和监管

瓶改管资金的监管，可通过在银行设立三方资金监管账户的方式来开展。建设单位为甲方，代建单位或总承包单位为乙方，监管银行为丙方。甲、乙双方共同以乙方名义在丙方开设资金监管账户，账户由甲方和乙方共同管理。各类工程款在履行完相关审批手续后直接从该账户中支付，既方便建设单位可提前将建设资金拨付到监管账户，又对每笔资金的使用设定了必要约束条件，起到监管作用。

8.2.1 监管账户管理中甲方的权利和义务

（1）甲方应积极配合、协助乙方做好工程建设资金管理。

（2）甲方有权定期或不定期地对乙方财务收支情况直接进行检查，并委托丙方对乙方的工程资金结算账户资金使用情况进行监督。甲方将不定期审查丙方对乙方的资金使用的监管情况，如丙方不能履行责任，甲方有权随时终止协议。

（3）乙方未按协议约定的期限和方式向甲方报送月度用款计划表和相关证明材料时，甲方有权指示丙方停止监管账户的对外支付功能。

（4）甲方负责建设资金申请、划拨和监督，定期向区发展改革局和财政局报送工程进度和资金使用情况。

（5）若监管账户内的资金遇到有权机关冻结、扣划或被采取其他强制措施等，甲方不承担任何责任，同时甲方保留向乙方追索赔偿的一切权利。

8.2.2 监管账户管理中乙方的权利和义务

（1）乙方有权按照协议约定使用监管账户内的资金。

（2）乙方须在丙方指定的支行开立监管账户。

（3）乙方应接受甲方对工程建设资金结算的管理监督和检查。

（4）乙方的所有合同或协议（包括施工总承包、专业分包、材料设备采购合同等），必须同时报甲方、丙方处核备。

（5）乙方根据实际工作进度和资金需求，代编年度投资计划和项目用款报告，报甲方审核后，由甲方按程序向区发展改革局申请实施计划和向区财政局申请用款计划，用款计划下达后甲方将资金按合同约定的项目进度划拨到代建项目资金监管账户，上一笔进度款未支付完原则上不得划拨下一笔进度款。

（6）乙方支付的所有材料、设备购买、劳务分包等费用必须和上报给甲方和丙方的合同或协议相符合，否则，甲方和丙方有权拒绝支付。

（7）乙方必须保证监管账户资金按专款专用原则，专项用于本项目，不得将甲方划拨到监管账户内资金用于与本项目无关的事项。乙方必须保证所有建设资金的安全、合理、有效的使用，不得通过权益转让、抵押、保证、承担债务、上交折旧费、管理费等方式直接或间接转移、挪用监管账户内资金。否则，甲方有权从乙方提供的履约保函中扣除，且有权停止拨付建设资金、要求丙方停止监管账户的对外支付，并要求乙方赔偿全部损失。

（8）资金拨付至监管账户后，乙方应及时向甲方提供收款凭证。

（9）乙方每月10日前向甲方、丙方提供下月《月度用款计划表》，用款计划应包括以下内容：

1）项目施工总承包、专业分包、设备材料订货合同等；

2）下月支付款项对应的合同名称、付款单位名称、合同金额、已累计支付、本月计划、合同完成支付比例等；

3）工程形象进度报告、进度款支付说明等；

4）各类支付依据、支付凭证等与支付有关的资料；

5）其他相关资料。

丙方收齐资料后应在3个工作日内出具审批意见，审核通过，丙方按照《月度用款计划表》，下月进行正常支付。如果审核不通过，丙方应立即向乙方提供合理化建议并上报甲方知晓情况，乙方修改《月度用款计划表》直至符合要求。丙方于下月再进行支付。

（10）乙方所有资金的支付不得采用背书转让方式，如采用此方式造成一切责任纠纷由乙方承担并且丙方有权拒绝支付。

（11）乙方应及时足额支付进城务工人员工资，定期接受甲方对其进城务工人员使用及工资支付情况的检查。

（12）乙方向丙方提出付款申请，丙方将付款申请与《月度用款计划表》进行比对，符合《月度用款计划表》的办理支付，不符合《月度用款计划表》则暂缓支付，并将相关情况通知甲方。

（13）若监管账户内的资金遇到有权机关冻结、扣划或被采取其他强制措施等，乙方仍应当根据与第三方签订的施工合同、材料供应合同、设备的购买合同等全部合同、协议约定支付工程资金，由此可能产生的一切损失由乙方自行承担。

8.2.3 监管账户管理中丙方的权利和义务

（1）丙方应为甲方和乙方提供优质服务，不得无理压票压汇，应配备专管员提供监管账户资金结算咨询服务，必须根据甲方核准后的资料方可为乙方办理资金结算业务，丙方有义务配合甲方对乙方工程建设资金支付进行管理和监督。

（2）丙方如发现乙方出现逃避监管或违反协议的支付行为，必须拒绝办理业务，24h 内向甲方反馈意见，共同采取措施予以补救或处理。

（3）丙方有权在乙方违反协议约定、擅自转移本项目建设资金或设备时，按照甲方要求从乙方结算账户中划转等额款项进入专户存储。专户存款未经甲方的书面批准不得支用。

（4）丙方应于每月 15 日前将乙方上月的支付情况整理后书面报送甲方。

（5）项目执行过程中，丙方需要向甲方提供《监管账户资金支付监管月报》，说明监管账户资金使用情况、提出资金监管意见和风险提示。月报中应提供《银行对账单》《月度用款计划表》《用款计划审核意见》《用款实际支出表》《支付凭证》复印件。

（6）在项目竣工验收 6 个月内，丙方按照协议的要求向甲方提供《关于建设项目资金支付监管总结报告》，项目竣工结余资金，丙方将按甲方的指令上交区财政。

（7）丙方有义务向甲方和乙方提供账户的《银行对账单》。

（8）监管资金计划审核。丙方在收到乙方《月度用款计划表》及相关资料后，应进行审核：

1）乙方《月度用款计划表》与工程进度是否相符；

2）第三方监理单位注册监理工程师签字盖章的相关证明文件；

3）支付单位、金额是否与"乙方与第三方单位签署的合同"中约定相符；

4）其他丙方认为必要的审核项目。

丙方原则上应在三个工作日内完成审核，审核结果分以下两类：

1）审核通过，丙方按照《月度用款计划表》，下月进行正常支付。

2）审核不通过，丙方应立即向乙方提供合理化建议并上报甲方知晓情况，乙方应修改《月度用款计划表》直至符合要求，丙方于下月再进行支付。

（9）监管资金支付办理。乙方向丙方提出付款申请，丙方将付款申请与《月度用款计划表》进行比对，符合《月度用款计划表》的办理支付，不符合《月度用款计划表》则暂缓付款。

（10）若监管账户内的资金遇到有权机关冻结、扣划或被采取其他强制措施等，丙方不承担任何责任。

第 9 章　瓶改管供气及运营管理

瓶改管工程施工完工后，工程实物移交至城市燃气企业，由城市燃气企业负责供气和运营管理。相比常规民生项目，瓶改管项目运营难度更大，城市燃气企业应根据当地瓶改管的特点，因地制宜，扎实做好后期运维管理，确保瓶改管民生工程发挥最大社会效益，促进城市公共安全水平提升。

9.1 瓶改管工程验收和移交

9.1.1 验收标准

1. 规范性文件

《城镇燃气设计规范（2020年版）》GB 50028—2006；

《燃气工程项目规范》GB 55009—2021；

《建设工程监理规范》GB/T 50319—2013；

《城镇燃气输配工程施工及验收标准》GB/T 51455—2023；

《城镇燃气室内工程施工与质量验收规范》CJJ 94—2009；

《深圳市中低压燃气管道工程建设技术规程》SJG 20—2017。

2. 瓶改管工程验收基本条件

（1）完成建设工程设计和合同约定的各项内容。

（2）技术档案和施工管理资料基本齐全。

（3）工程使用的主要建筑材料、建筑构配件和设备的进场试验报告，施工成果的检测报告已完善。

（4）各责任主体已签署施工材料。

3. 瓶改管地下管道工程验收内容

（1）管道敷设走向与施工图相符，包含相应的设计变更。庭院管道不应穿越用户红线范围。

（2）燃气管道与其他专业管道、检查井、树木、交通指示牌、路灯等的间距应满足设计、规范要求。

（3）标志桩指向应清晰明确、安装稳固，绿化带内应采用高桩，便于辨识。

具体标准为：标志桩是否符合管道实际走向；非绿化带与地面齐平，绿化带上高出周围地面不小于100mm；车行道下管道应采用铸铁平面标志桩，其余位置应采用复合材料标志桩。

（4）与原有燃气管道之间预留距离不应超过 2m。

（5）阀门井内填沙应符合要求、井内整洁、无积水、无杂物，井室四周需抹灰；位于车行道下的阀门井盖需采用重型井盖。

（6）无臭剂（四氢噻吩）或类似化学药剂等异味。

（7）出地立管道应有防撞栏。

（8）调压箱/调压柜的防护栏符合要求且有警示标识，有防雷措施。

4. 居民瓶改管地上管道工程验收内容

（1）室外燃气管道验收

验收内容为：管道敷设走向与施工图相符，包含相应的设计变更；管道穿越伸缩缝应有防沉降措施；高层建筑敷设燃气管道应有管道支撑和管道变形补偿的措施；当燃气管道架空或沿建筑外墙敷设时，应采取防止外力损害措施；管道应横平竖直，油漆、标志漆、流向标识符合要求；管道不得被包封，不得被圈占压，有检修通道，方便开关阀门箱；管道应做好防登高、防攀爬的措施，低位易踩踏管道应做踏步保护；管道防撞、限高设施（含警示标志），阀门箱行人碰撞保护设施应完整；管道末端应封堵，套管封堵应符合要求；管道防雷搭接应符合要求；分段供气应实现物理隔断。

（2）户内燃气管道验收

验收内容为：家庭用户的燃烧器具不得设置在卧室和客房等人员居住和休息的房间及建筑避难场所内，引入管不应设置在卫生间内，燃气管道应为明设，刷银粉漆防腐，不得被暗埋或包封；燃气管道应横平竖直，连接后的管件应平顺、正直，无强行组对的现象；燃气管道与电源开关（插座）、其他用电设施间距符合要求；管道穿墙处须用聚乙烯热收缩套防腐，并用硬聚氯乙烯（UPVC）管做套管保护；热收缩套与套管间隙用建筑用中性密封胶封堵，穿墙处套管两端与墙平齐，聚乙烯热收缩套不应有接头，并超出硬聚氯乙烯套管两端 1cm 为宜，且管道留头超出装修内墙30mm，以便日后操作方便；除特殊情况外，管道不得穿玻璃设计，避免施工过程中损坏用户玻璃造成纠纷；弯头及燃气表两侧均应设管码，管道末端较长时应设管码；户内灶具前自闭阀在燃气支管末端，方向为水平或垂直，且明装牢固；管道留头处必须封堵并刷黄漆警示；管道留头位置应考虑安装旋塞后便于用户操作，且燃气软管不得超过 2m。

（3）燃气设备验收

验收内容为：建筑高度大于 100m 时，用气场所应设置燃气泄漏报警装置；并应在燃气引入管处设置紧急自动切断阀；确保设备联动且调试正常，报警信号有效集中到物业消防中心控制；燃气表应设在住户室内的厨房或阳台便于安装、维修、观察（抄表）、清洁、不潮湿、无振动、自然通风、远离电气设备和远离明火的地方，严禁安装在卧室、客厅及卫生间内；受雨天影响的燃气表应采取加表箱的保护措施，其材质宜采用复合材质；燃气表无损坏，流向正确，应牢固，不得倾斜；燃气表表底不宜低于1.4m，入户阀门不宜高于2.0m，满足日后操作方便；燃气设施不得封闭、暗埋；燃气表与电源开关（插座）、其他用电设施间距符合要求。

5. 非居民用户瓶改管地上管道工程验收项目

（1）燃气管道验收

验收内容为：螺纹连接：管道外露丝扣1～3扣，无锈蚀，有聚四氟乙烯生料带缠绕且采取防腐措施；焊接：焊缝不得有裂纹、表面有气孔、夹渣，咬边等；法兰连接：连接法兰片规格一致；螺栓规格一致、安装方向一致，外露螺纹1～3扣；管道支架应稳固，转角1m内必须设置支架；管道应横平竖直；管道不得穿越易燃易爆品仓库、配电间、变电室、电缆沟、烟道、电梯井等；管道与电源开关（插座）、其他用电设施间距应符合要求；管道穿墙、穿楼板应采用硬聚氯乙烯管材的套管保护，管道应采用热收缩套防腐；管道支管道小于主管道两个规格以上时，必须采用机制管件。

（2）燃气设备验收

验收内容为：燃气设备应使用正确，确保方便操作、方便维护；调压器前应设置过滤器，过滤器与调压器之间采用短管连接，且间距不得过大；罗茨表前应采用筒形过滤器；采用锅炉、燃气空调等较大设备时，应单台设备独立设置流量表；流量表选型符合要求，安装的位置便于抄表、检修。皮膜表应水平安装；罗茨表宜垂直安装，气体流向应上进下出；确保预付费表安装质量符合相关标准要求。

（3）附属设施验收

验收内容为：用气房间应设置燃气浓度泄漏报警器，报警器与燃烧器具或阀门的水平距离不得大于8m，安装高度距顶棚0.3m（含）以内，不得设置在燃烧器具上方；地下室、半地下室或地上密闭厨房的燃气泄漏报警器、紧急切断阀以及机械事故排风系统，必须处于联动状态（要有调试报告）；用气场所的燃气入口管、总管上的紧急切断阀应符合设计要求。

9.1.2 工程移交

1. 城市燃气企业提前介入移交环节

为保证瓶改管工程能够顺利完成移交及供气，城市燃气企业应提供技术支持服务，提前介入验收移交环节。

城市燃气企业应安排专人负责跟踪瓶改管工程进度，根据各项目实施情况，在基本具备验收条件的情况下，提前7～15天合理安排提前介入验收环节，同时通知各相关部门人员参加。提前介入相关内容包含：工程竣工资料完整性的核查及整改复查，联系监理单位落实验收相关问题的整改，要求基本整改完成后方可进行项目的正式验收。

提前介入环节做到举一反三，与建设单位落实工程质量缺陷通报机制，多次产生工程质量问题的施工单位应列入黑名单；同时建立工程质量缺陷修复费用承担机制，在工程保修期内，由施工单位工程质量缺陷产生的抢险、抢修或通知施工单位修复不及时造成城市燃气企业实际发生费用的，应由建设单位在工程质量保证金中支付给城市燃气企业。

2. 地下工程测量数据复核

采用施工数据采集系统的瓶改管工程，施工单位在施工过程中应根据施工数据采集系统要求进行数据采集，并递交建设单位和监理单位审核。

对未采用施工数据采集系统的瓶改管工程，应通过线下流程进行数据录入。施工单位在工程验收前，备齐以下燃气工程竣工图测量复核资料及相应的电子文件到城市燃气企业申请办理燃气工程竣工图测量复核手续：

（1）竣工图（原件，需监理人员签字）及其电子版；

（2）测量成果（测量报告）（原件）；

（3）电子资料（节点表、管段表）；

（4）供气方案意见书；

（5）电子标签位置及测试记录。

城市燃气企业数据采集部门初步复核后，应组织现场抽查复核。拐点、三通、出入土点等关键点应100％复核，其余位置抽查比例不得低于5％。对复核合格的工程，测量复核人员应在竣工图纸和测量成果表上签署复核意见，若现场抽查复核不合格，建设单位应按照城市燃气企业出具的复核意见进行整改，整改完毕后重新申请复核。现场复核合格后，城市燃气企业在竣工图上加盖"燃气工程数据入库章"，并将工程信息正式录入 GIS 系统。

3. 工程实物移交

工程验收合格后，建设单位应在移交前48h凭竣工资料申请办理燃气实物移交。城市燃气企业应按照竣工图、验收意见、实物移交清单等对现场核对完成后，接收工程实物。

9.1.3 竣工资料移交

瓶改管工程竣工后，竣工资料应按要求移交档案管理部门和城市燃气企业，竣工资料包括：

（1）监理合同或油改气工程施工监督管理登记；

（2）气源接入点意见书；

（3）城市燃气企业审图意见；

（4）施工单位营业执照及承建资格证；

（5）供气服务协议；

（6）施工合同；

（7）施工委派任务书；

（8）施工组织设计；

（9）施工方案；

（10）施工人员名单及施工人员资格证；

（11）单位工程开工申请报告；

（12）工程竣工报验单；

（13）图纸会审及技术交底会议纪要（附签到表）；

（14）设计变更通知单；燃气监理业务联系单（如有发生）；

（15）燃气监理单位停、复工令；事故处理报告（如有发生）；

（16）材料、设备合格证；

（17）地上管压力试验验收记录；

（18）无损探伤检验报告；

（19）燃气泄漏报警器调试报告；

（20）燃气强排风调试报告；

（21）埋地管线施工放线测量记录；

（22）埋地燃气管道开槽施工记录；

（23）聚乙烯燃气管道连接施工记录（附焊接记录）；

（24）室外管道竣工测量成果表；

（25）定向钻管道竣工测量成果表；

（26）燃气设施隐蔽工程施工记录；

（27）埋地管压力试验验收记录；

（28）管道沟槽回填土密实度试验报告；

（29）管道燃气工程初步验收意见；

（30）燃气工程初验存在问题处理结果；

（31）燃气工程实物移交表；

（32）物资复核清单；

（33）工业管道安装监督检验报告；

（34）压力管道使用证；

（35）承诺函；

（36）竣工图（竣工图目录、蓝图）。

9.2 供气和集中点火

瓶改管工程移交后，城市燃气企业应在规定时间内完成与带气管线的接驳和供气。瓶改管工程属于集中实施项目，居民用户短时间申请点火量大，宜采用集中点火的方式，由建设单位、社区和城市燃气企业协同，有计划、有组织地分批开展，提高点火效率，尽快满足用户用气需求。

9.2.1 集中点火工作机制

（1）集中点火统筹督办机制。在集中点火阶段，当地街道和社区组建街道点火工作群，街道、社区、城市燃气企业主要负责人实时督办工作进度，相关工作人员定期在街道点火工作群发布点火月计划、周计划、日计划，实施"日督办、日反馈、日销项"。

（2）点火人员统一调度机制。城市燃气企业组建点火人员库，统一调度城市燃气企业各类专职点火人员和临时支援人员。根据各街道月度点火计划，高效、及时调配点火力量。

（3）"一村一调度"协调机制。在集中点火期间，每个城中村（或住宅小区）安排1名联络员。联络员负责填报、接收、流转街道工作群的月计划、周计划、日清单、点火统计清单及工作简讯；负责协调集中点火期间有关现场工作。

（4）"八个提前"的点火准备机制。一是提前发动宣传；二是提前召开集中点火碰头会；三是提前集中开户；四是提前排好点火楼栋顺序，始终预留2栋备点火；五是提前找人打孔；六是提前安排人员开门；七是提前安排搬运燃烧器具；八是提前安排施工人员到场，发现问题及时整改。

（5）"五个1"的协作工作机制。居民用户点火和非居民用户点火现场由1名社区网格员、1名执法人员、1名点火人员、1名炉具安装人员及1名施工整改人员组成"五个1"点火队，做好用户联络工作，提前做好开门、炉具到位、钢瓶撤离等工作，提高集中点火效率。

（6）瓶装液化气临时保供机制。当地相关瓶装液化气企业，根据街道、社区的要求，对需要继续使用瓶装液化气的用户建立瓶装液化气保供措施。

9.2.2 集中点火工作流程

（1）编制工作方案。街道办和社区负责制定工作计划，工作计划明确点火任务清单、组织保障、人员安排、责任分工、时间安排、工作措施等。

（2）宣传动员。街道办组织社区工作人员在集中点火前2个月发布公告；在集中点火前1个月，组织相关方通过公众号、业主群、楼栋张贴、村口展板、村内横幅、电梯广告等形式开展线上线下多渠道、多轮次宣传，做到宣传全覆盖，宣传内容包括集中点火清瓶时间安排、管道燃气业务办理流程、需要提前准备的资料、钢瓶回收途径、炉具要求、点火条件、线上充值缴费途径、安全用气常识、不改管道燃气的用户可选择改电或改业态等；在集中点火前15个自然日，社区组织村股份公司、物业管理处召开村民大会、业主大会，开展宣传动员工作，组织业主（房屋实际控制人）开展点火动员，重点宣传政策和点火时间节点安排；在集中点火前10个自然日，街道办组织社区、村股份公司、物业管理处工作人员对居民用户和非居民用户开展100%入户摸排，包括钢瓶排查、宣传动员及承诺书签订等工作，掌握所有用户用能情况，建立点火全清单。

（3）启动集中点火。街道办和社区组建街道点火工作群和临时联络群。以街道为单位组建点火工作群，街道办主要负责人、各社区主要负责人、城市燃气企业主要负责人入群。街道点火工作群负责点火月计划、周计划、日计划的相关报送、联络与督办。临时联络群以社区或村为单位组建，实时沟通具体业务，相关网格、联络、点火、炉具安装、工程整改等人员入群。街道办提前1个月在街道点火工作群内发布集中点火月计划表，城市燃气企业第一时间转发企业内部点火工作联络群，各相关单位根据点火月计划表做好点火人力储备、设备材料供应、现场办公准备、炉具供应与安装等前期工作。社区提前1周在街道点火工作群内发布集中点火周计划表。各相关单位根据点火周计划表安排点火人力、现场办公、提前开户等工作，并按照"八个提前""五个1"工作机制做好点火准备工作。

（4）居民用户及非居民用户补装。社区摸排统计过程中，有补装意愿的居民用户，由街道办组织安排补装，需要城市燃气企业补装的项目，城市燃气企业按零散户安排补装；社区摸排统计过程中，有补装意愿或通过整改具备用气条件的非居民用户，按政策要求及时补装。

（5）集中点火日计划清单及点火人员安排。社区提前3个自然日在街道点火工作群内发布集中点火日计划清单。城市燃气企业根据集中点火日计划清单匹配点火人员。以城中村（住宅小区）为单位：

1）点火量≥2000户：安排7天现场办公，按50单/（d·人）派驻点火人员；

2）1000户≤点火量<2000户：安排5天现场办公，4~6名点火员；

3）500户≤点火量<1000户：安排3天现场办公，4~6名点火员；

4）100户≤点火量<500户：无现场办公，安排3名点火员集中点火1~3天；

5）点火量<100户：无现场办公，安排1名点火员集中点火1~2天。

（6）现场集中点火。每日由村调度员组织所有现场办公人员定时、定点集合签到，借助网格员力量，按点火清单滚动实施点火。点火现场遇到的各类情况，可按如下原则开展工作：

1）满足点火条件的用户，开展点火作业。

2）遇热水器安装、打孔、管道漏气、管道整改等问题影响正常点火，交由"五个1"点火分队的施工整改人员，当场整改完毕后当场点火。

3）家中存放钢瓶或钢瓶未移出房间，点火分队的清瓶执法工作人员负责将钢瓶清走，放置在统一临时瓶装液化气存放点，移出后在集中点火期间安排点火。

4）遇管道安装未到位、炉具未到位、无人开门、用户不配合等情况通知村调度员纳入清单台账，不予点火。

（7）零散户点火。集中点火结束后，零散点火需求可致电城市燃气企业24h服务热线，预约点火。

图 9-1 为集中开户点火暨"清瓶"公告模板参考，图 9-2 为承诺书（业主版）模板参考，图 9-3 为承诺书（租户版）模板参考。

集中开户点火暨"清瓶"公告

_____社区居民群众：

根据____市全面实施"瓶改管"的工作部署，本社区管道燃气改造工程已竣工验收并接驳供气，具备点火、"清瓶"条条。现将有关事宜公告如下：

1. 本社区将于__年__月__日至__年__月__日在____（填集中办公地点）____提供现场集中办公服务，包括开户手续办理、点火、无主钢瓶回收、炉具售卖等服务。

2. 请本社区居民于管道燃气点火前主动联系瓶装燃气企业办理销户手续及退瓶。无法确认供气企业的，社区委托____公司进行统一回收。

3. 为确保居民用气安全，严禁管道燃气与瓶装燃气混用，本社区管道燃气开通后，瓶装燃气企业将于__年__月__日起不再向社区居民配送瓶装燃气。

____社区工作站（盖章）

____年__月__日

图 9-1 集中开户点火暨"清瓶"公告模板参考

承诺书（业主版）

　　本人_____，身份证号_____，电话号码_____，系_____社区_____
（___居民/___非居民，勾选）现本人承诺如下：

　　上述房间于____年____月____日后不再使用瓶装燃气，并定期检查电气线路，保障用电安全。本人不参与"瓶改管"集中改造，后期如需开通使用管道燃气，将自行承担相关改造费用。

承诺人：_____

见证人：_____

____年____月____日

　　附件：身份证复印件

本文一式叁份，一份由社区存档、一份由村股份公司（或物业管理处）存档、一份由承诺人存档。

图9-2　承诺书（业主版）模板参考

承诺书（租户版）

本人_____，身份证号_____，
电话号码_____，系_____社区_____
（___居民/___非居民，勾选），现本人承诺如下：

本人在租住该房期间，不使用瓶装燃气，并定期检查电气线路，保障用电安全。

承诺人：_____
见证人：_____
___年___月___日

附件：身份证复印件

本文一式叁份，一份由社区存档、一份由村股份公司（或物业管理处）存档、一份由承诺人存档。

图 9-3 承诺书（租户版）模板参考

9.3　瓶改管工程运营管理

9.3.1　城中村瓶改管供气运营安全风险

城中村瓶改管供气运营安全风险主要集中在"人、物、环、管"四个方面。其中用户安全用气意识不强和用气水平低、户内燃气设施隐患多、安检入户难及隐患整改困难等风险因素，提高了发生事故的概率，用气环境恶劣和小区环境复杂提高了事故发生的严重程度。具体如下：

（1）用气环境较差。大部分城中村房屋为小户型，楼栋间距小，一旦发生火灾、爆炸蔓延迅速导致事故后果扩大。

（2）用户安全用气水平较低。由于城中村管道燃气用户流动性大、经济收入相对偏低，安全意识普遍薄弱，且接受安全用气知识宣传的配合度较低，导致用气操作、燃烧器具质量、日常自查、隐患整改等方面存在较大风险。

（3）应急抢修难度大。城中村地上燃气管道系统走向错综复杂，阀门控制范围不明确，楼栋编号方式多样，村内道路狭窄且部分楼栋抢修车无法直接到达，部分安装在楼顶的燃气控制阀，因房东上锁等因素无法操作，导致抢修人员难以迅速到达现场控制险情。

（4）安检入户难，管道末端未封堵风险极高。城中村居住人员绝大部分是进城务工人员，在家时间少。根据部分城市燃气企业统计，城中村管道燃气入户安检成功率仅为40%，远低于商品房住宅小区；而末端未封堵隐患数量却占30%，远高于商品房住宅小区。

因此，瓶改管工程各参建方，在建设施工过程中，应充分考虑后期安全运营，城市燃气企业应全过程介入瓶改管工作，从运行维护角度关注每个关键环节，建立风险识别清单并积极应对，城中村瓶改管工程运行维护主要安全风险辨识清单见表9-1。

表 9-1

城中村瓶改管工程运行维护主要安全风险辨识清单

序号	类别	风险描述	可能存在的后果	风险防范措施
1	A. 工程建设阶段 A1. 施工质量	A1.1 设计深度不足,管道、阀门、表具等位置不合理[如燃气管道与电力管道等其他地下沟井道等安全距离不足,穿越地下沟井道内、密闭空间、穿越居住房间、管道被建(构)筑物圈占压、阀门箱或敷散阀安装在狭窄巷道等位置],存在安全隐患;燃气泄漏,或人员、物品碰撞在狭窄巷道等燃气设施、路段遭到碰伤伤人员、物品碰撞到阀门箱等燃气设施致人员碰伤导致燃气泄漏	1. 各类管线交叉、间距不足、作业空间的不足,影响后期抢(维)修作业; 2. 燃气泄漏引发紧急抢(维)修基至人员伤亡; 3. 人员被碰伤	1. 严格要求设计单位开展现场踏勘,对于未按要求开展现场踏勘和设计的设计单位要严肃问责; 2. 城市燃气企业在城中村工程建设初期提前介入,在设计审图技术交底、验收阶段可能影响供气,通气后火及表收费等工作间的问题,避免因设计不合理给运行管理带来不便;同时要结合会议任存在的问题,及时更新调整设计指引等; 3. 供气前应开展专项实物移交,检查地下燃气管道设施、地上共用管道设施,居民入户内燃气管道设施和非居民用户燃气管道设施排查工程质量问题,严格落实施工要求、移交时做好移交记录;不满足安全运管要求前不得通过移交的工作内容,移交时做好移交记录; 4. 合理设计阀门箱位置,安装位置因现场条件无法调整的,宜对埋门箱上设计警示标识; 5. 城中村地下管线复杂,无法按设计深度进行管道敷设,深低于一定深度的管道上方覆盖钢板或钢管进行保护,防止第三方损坏事故
2		A1.2 设计深度不足,城中村公共地上管道及设施被设施被车辆碰撞击发生燃气泄漏	燃气泄漏引发紧急抢(维)修基至人员伤亡	1. 在设计阶段明确楼宇之间的跨越管道应满足车辆通行需求,并设计限高警示标识;在管道出地口处,跨楼栋管道或沿街墙敷设的管道等存在被车辆冲撞损坏风险的关键位置,在设计时应明确防撞加装位置和高度;设计时充分考虑立管、环管等燃气管道设施的安装位置; 2. 验收阶段交环节加强管控
3		A1.3 设计深度不足,用户较多的城中村未形成环状供气,调压柜无备用设备,一旦发生紧急事件或调压柜故障,将引起大面积停气	同一片区大量用户无法正常用气引发紧急事件及舆情	1. 设计阶段考虑城中村两路或多路供气,增设调压柜备用设备; 2. 验收交时进行复核确认; 3. 进一步优化已有城中村庭院管地下阀门设置,避免因关阀影响过大导致停气等问题

续表

序号	类别	风险描述	可能存在的后果	风险防范措施
4	A. 工程建设阶段 / A1. 施工质量	A1.4 设计深度不足，未充分考虑后期商用底商用户增加用量、公共管或调压箱选型不合适，可能导致商用户或底商用户开通使用后、底商用户和居民用户压力和流量不足，用气时无法点火或用气压力不稳定，用气过程中熄火	无法正常用气引发紧急抢（维）修及舆情事件	1. 要求设计单位在前期设计过程中应充分考虑商用户的用气量，对管径和调压箱选型预留充分的余量； 2. 对于用气量较大，装表容量大于 G16 的商用户，在具备条件的情况下，单独从中压管接驳安装独立调压器
5		A1.5 地上公共管道安装不牢固导致管道拉裂发生燃气泄漏	燃气泄漏引发紧急抢（维）修甚至人员伤亡	加密公共管道固定装置分布
6		A1.6 地上明管与电线电缆安全间距不足，未做绝缘防护措施或绝缘防护施工不到位，燃气管道与电线电缆直接接触，导致管道带电	燃气管道与电线电缆直接接触，导致管道带电	1. 优化施工方案，保障燃气管道与电线电缆安全间距； 2. 按要求做好燃气管道与电线电缆交叉点的绝缘施工，在施工作业、移交环节严格检查把关
7		A1.7 地上公共管道未设置放散置换接口或放散置换位置操作不便，导致楼宇供气及抢（维）修无法正常放散置换	空气与燃气混合，在燃气具点火时发生爆燃	1. 设计阶段充分考虑放散置换接口及设置位置； 2. 验收移交环节加强管辖； 3. 通气置换前确认放散接口和位置，如不符合要求，暂不进行置换通气
8		A1.8 管道内有积水堵塞燃气管道，导致管网系统在使用时供气压力低、用气高峰期出现用户内火力小、压力低、供气不稳定、管道无气等现象	同一片区大量用户同报无气引发紧急抢（维）修及舆情事件	监理单位要严格把关隐蔽工程验收、管道吹扫验收等环节
9		A1.9 使用城市燃气企业指定设备材料以外的设备材料，施工质量不达标导致管道运行漏气	燃气泄漏引发紧急抢（维）修甚至导致人员伤亡	1. 监理单位要核查专用设备材料采购清单与现场的一致性； 2. 建设单位及监理单位应做好现场设备材料检查工作

续表

序号	类别	风险描述	可能存在的后果	风险防范措施
10		A1.10 部分带手轮或手柄的阀门未装配阀门箱，阀门箱被随意启闭引发抢（维）修事件	引起紧急抢（维）修事件	1. 在设计阶段明确该类阀门箱的安装； 2. 对现有需要安装的迅速加装
11		A1.11 施工阶段燃气警示标识、标志桩缺失或不准确，运行过程中燃气管道设施被意外损坏	燃气泄漏引发紧急抢（维）修甚至导致人员伤亡	供气前应开展专项实物移交，检查地下燃气管道设施、地上共用管道设施、居民用户和非居民用户燃气管道设施，排查工程质量问题，严格落实问题未整改，移交质量不满足运营安全运营要求前不得进行移交，移交过程中做好移交记录
12	A1.施工质量	A1.12 施工阶段管道末端未封堵、丝扣连接不规范、穿墙管及无缝钢管、管件防腐等施工不到位，导致燃气管道漏气	燃气泄漏引发紧急抢（维）修甚至导致人员伤亡	1. 监理单位对管道敷设、丝扣连接、入户控制阀安装位置等情况进行抽检； 2. 城市燃气企业在城中村项目验收、移交过程中，对燃气管道的安装、预留燃气接入点进行抽检，如发现抽检结果与《入户情况统计表》不一致的，城市燃气企业再次抽检无误后方可办理实物移交； 3. 施工单位应按照《入户情况统计表》做入户登记存档，城市燃气企业应将《入户情况统计表》纳入城中村项目竣工资料中； 4. 无缝钢管、管件防腐加工尽可能集中加工，防腐过程的影像资料作为验收移交的关键资料进行查验
13		A1.13 施工阶段存在户内施工质量问题，燃气管道隐患未检出，运行过程中发生燃气泄漏	燃气泄漏引发紧急抢（维）修甚至导致人员伤亡	1. 要求施工单位在户内作业后对每一用户的户内用气点等关键位置进行拍照并存档，相关影像材料作为项目验收的关键工作要求； 2. 监理单位、城市燃气企业应落实居民客户各户入户抽检工作要求； 3. 城市燃气企业严格落实在工程接收时，核实用户抽检情况，确保接收前全部整改到位等环节，设计、审图、交底、验收

类别（跨行）：A.工程建设阶段

续表

序号	类别	风险描述	可能存在的后果	风险防范措施
14	A. 工程建设阶段	A2.1 由于脚手架等高处作业设施搭设不规范，作业人员未系挂安全带，大风天气等情况，导致人员跌落伤亡	人员跌落伤亡	1. 脚手架搭拆应有专项施工方案，且按规定审核、审批，当架体搭设超过允许高度时应组织专家对施工方案进行论证，有验收移交记录； 2. 脚手架严格按照《建筑施工扣件式钢管脚手架安全技术规范》JGJ 130—2011进行施工； 3. 施工人员入场前应进行三级安全教育，三级教育须包含脚手架作业内容； 4. 监理单位应对安全管理的落实情况进行核实，在确认施工手架符合要求落实各项工作后方可允许进场施工
15	A2. 施工安全	A2.2 由于高处落下方人员被砸伤（特别是有人员出入口的地方）	人员头部被砸伤，严重时死亡	1. 吊篮等高处放置杂物、脚手架需铺设密目网，保证行人安全； 2. 高处作业周围地面要有警示牌并有专人监管； 3. 相关工机具应增加防坠措施
16		A2.3 由于机械吊篮故障或吊篮安装不合规，导致人员跌落伤亡	人员跌落伤亡	加强吊篮施工作业全过程管理，吊篮的安装和使用要把控要点，安装单位应与施工单位办理《吊篮移交验收表》，安全绳应外观完好，与固定物可靠绑结，与女儿墙、雨蓬等尖锐边缘应接触有可靠保护，消除安全隐患，确保吊篮的安全使用
17		A2.4 违规使用高空吊板，导致人员跌落伤亡	人员跌落伤亡	1. 对施工单位做安全交底，发风险告知书，明确施工单位严禁使用高空吊板进行高空作业； 2. 代建单位、监理单位等相关方加强高空作业检查
18		A2.5 由于用电箱/用电设备未接地、电源线破损漏电、设施漏电、临时用电不合规等行为，导致作业人员及周边行人触电伤亡	作业人员及周边行人触电伤亡	1. 用电设备、线路的安装、架设必须由电工实施，电工必须持有效的低压电工作证，准许操作项目应与作业内容相匹配； 2. 施工现场其他用电人员必须通过相关安全教育培训和技术交底； 3. 安装、巡检、维修或拆除用电设施和线路等，必须由电工完成，并应有人监护；
19		A2.6 作业人员意外接触建筑外墙的电线导致触电	作业人员触电伤亡	4. 现场操作应符合《施工现场临时用电安全技术规范》JGJ 46—2005，电箱、电器要做好接地工作，电线不得乱接，项目管理人员及监理要做好现场检查工作

续表

序号	类别	风险描述	可能存在的后果	风险防范措施
20		A2.7　作业人员未将作业点周边的可燃物清理干净，未配备必要设施的灭火设施，未指派留守作业现场的人员看守作业现场，电焊设备等违规使用液化石油气瓶、电焊设备等造成火灾	火灾烧损部分建筑结构和部分生活物品，烧伤人员	1. 施工单位必须使用经国家正式培训考试合格的动火操作人员，并且焊割的作业项目要与其取得的特殊工种操作证中具备的资格证相符； 2. 作业前，应把周围的可燃物移至安全地点，如无法移动可用不燃材料盖封； 3. 进行现场焊接、切割、烘烤或加热等动火作业应配备灭火器，并应设置动火监护人，严格控制防火点。乙炔瓶离动火点10m以上，乙炔瓶、氧气瓶、乙炔瓶间火距5m以上，氧气瓶、乙炔瓶、液化石油气瓶等连接胶管无老化、破损、接口使用管码； 4. 施工作业结束后要立即消除火种，彻底清理工作现场，并进行一段时间的监护，没有问题再离开现场，做到不留死角
21	A2. 施工安全	A2.8　作业人员操作不当，对作业人员的手部（套丝）、眼部（电弧焊）及其他部位（切割、打钻等）造成伤害	造成作业人员受伤	1. 施工单位应根据作业内容编制完整的施工组织设计（施工方案）并报监理单位进行审批，审批通过后方可实施； 2. 施工单位管理人员、作业人员上岗前，应接受三级安全教育，并且有相应的培训记录； 3. 施工作业人员上岗前，应接受三级安全教育，并且有相应的培训记录； 4. 施工单位为施工作业人员配备充足、合格的个人防护用品，合格的个人防护用品必须与施工作业防护需求相匹配，使用材料、设备机具应符合合同约定和施工方案要求； 5. 施工单位应在作业前（含分部分项作业），明确作业内容、要求以及风险防控措施，每日作业前，生产班组应组织开展班前安全教育
22		A2.9　钩机作业时，机械臂、机械臂碰伤人员	机械臂刮伤，特别是头部伤害	1. 作业人员持证上岗，作业过程中应设置安全警示标识，钩机旋转半径内应放置围挡防止人员进入； 2. 作业过程应有专人监护

A. 工程建设阶段

续表

序号	类别		风险描述	可能存在的后果	风险防范措施
23	A. 工程建设阶段	A2. 施工安全	A2.10 开挖作业时,损坏水、电、气、通信等其他管线	挖断线缆,导致片区局部通信中断或电力系统中断;挖破水管,导致片区停水;挖破排污管,造成局部污染;挖破燃气管,导致片区停气或爆燃	开挖作业前应查清各类管线路由,施工方案经监理单位审批通过后方可施工
24			A2.11 开挖作业时,作业坑防护不到位,围挡及警示不足	导致行人受伤或车辆受损	加强围挡防护和夜间防护措施
25			A2.12 违规使用臭剂验漏,引起周边用户误认为燃气泄漏	占用抢修资源,影响供气安全,引发社会恐慌	1. 严格要求施工单位严禁在燃气工程试压过程中使用臭剂(四氢噻吩)或类似化学药剂; 2. 对发生相关情况,严肃追究建设单位、施工单位及相关责任人责任
26	B. 投产供气阶段	B1. 接收供气	B1.1 城中村供气资料不完整,部分项目仅有关键资料(验收意见、移交表、图纸)、部分项目关键资料不全,存在一定法律风险	法律风险	按照《中低压燃气管道施工、供气管理办法》提供资料,保供气资料完整;建立供气资料完整台账,核对台账资料真实性作为城市燃气企业必查项目。发现供气资料存在缺漏的,资料补全,移交资料容易受理的,要明确责任人并限期补齐;挂接管办理直至竣工图、验收回复等关键资料不得纳入容缺受理范围
27			B1.2 地下燃气管道设施接驳前压力试验或户内燃气管道设施严密性试验未落实,燃气管道漏气未检出	燃气泄漏引发紧急抢(维)修甚至人员伤亡	验收及实物移交前要求施工单位将 24h 的严密性试验记录、隐患整改回复的书面内容一同上传至主工移动 APP 进行审核
28			B1.3 验收移交范围与实际供气范围不符,部分楼栋未验收但已供气,导致未供气区域管道带气运行,但未落实安全检查要求	管道隐患未及时发现引发抢(维)修事件	1. 城市燃气企业严格按照移交范围进行供气; 2. 未供气区域与已供气区域采用物理隔离

序号	类别		风险描述	可能存在的后果	风险防范措施
29	B. 投产供气阶段	B1. 接驳供气	B1.4 已供气区域和未供气区域未隔离，导致未供气区域带气运行，但未落实安全检查要求	管道隐患未及时发现引发抢（维）修事件	严格落实供气区域与非供气区域采取物理隔离的方式进行气源隔断
30			B1.5 通气前未按要求对燃气管道进行置换，导致燃气管道置换多次点火不成功可能引发闪燃、爆燃事故	燃器具多次点火不成功可能引发闪燃、爆燃事故	严格落实地上管道通气、点火作业规程，做好待通气管道的置换和放散工作
31			B1.6 二次进场补装项目，工程量大而过分分散，施工单位违规接驳供气、私接私改，造成燃气事故发生	施工单位违规带气接驳，造成燃气泄漏、爆燃等事故	加强施工单位培训，严禁施工单位因地制宜、私接私改，制定二次补装项目接驳供气安全
32		B2. 集中点火	B2.1 施工单位进行隐患整改作业时违规进行带气作业或动火作业，导致燃气事故发生	燃气泄漏导致爆燃引起人员伤亡	涉及工程质量问题整改等施工作业须按照已供气楼宇管道要求落实整改，严禁带气作业，并对作业现场进行综合协调和监督检查
33			B2.2 燃气管道隐患在通气时燃气泄漏	燃气泄漏引发紧急抢（维）修甚至人员伤亡	加强内部员工及其对外委点火作业人员技能培训，作业前应核对通气用户信息，检查管线未自改动，阀门设置合理，设备外观无破损等
34			B2.3 点火时未告知用户瓶装燃气和管道燃气混用的安全隐患，未及时清瓶，导致同一用气环境中同时存在管道燃气和液化石油气	用户误操作发生燃气爆燃引起人员伤亡	1. 通气点火前，作业人员应确认用气场所内是否存在液化石油气钢瓶，发现相关情况应对说客户将钢瓶搬离，在明显位置粘贴"禁用钢瓶"标识，点火完成后返回单现场照片； 2. 客户未搬离钢瓶的不能通气点火，并做好记录，通过微信群、函件等方式在24h内向当地住房乡建主管部门或镇乡建设部门报告； 3. 协调街道办与村委及时将用户及用户将用户的钢瓶回收清理

续表

序号	类别	风险描述	可能存在的后果	风险防范措施
35	B.投产供气阶段	B2.4 城中村改造入户留有未登记信息以及未采取技术措施防范私接、私改，私自用气等，无安检计划，导致隐患未发现，发生燃气泄漏	私接、私改等法律风险	1. 满装留头中村村已供气的，应编制装留头位置清单、清单中应明确所有留头位置及未端封堵情况，留头位置未使用锁闭型螺纹铜球阀的，应制定工作计划限期整改； 2. 将满装留头已安装但未开户的用户全部纳入安检计划； 3. 组织开展相关的安全宣传
36		B2.5 空气燃气混合，在燃器具点火过程中达到爆炸下限发生爆燃	发生爆燃引起人员伤亡	1. 严格按照城市燃气企业关于用户通气、点火操作规程进行操作； 2. 点火前必须进行 5min 的压力试验，确保压力试验合格
37	B2. 集中点火	B2.6 为不符合安全条件的用户（如通风条件不良、管道安装在居住房间，灶具无熄火保护装置，非居民用户未安装熄漏报警器等）或未开户的用户点火通气	如发生用户投诉或施工事故，调查时存在未执行标准规范等法律风险	严格按照城市燃气企业关于用气、点火操作规程执行，点火时检查用户用气设备是否适用供应气源，燃器具是否安装到位，灶具与其他物体间距符合要求或隔热措施到位等，外委点火人员先跟班实习、具备独立作业能力后再上岗
38		B2.7 点火过程中使用的燃器具不合格	发生闪燃引起人员伤亡	点火人员在点火过程中严格查看燃器具的 3C 认证，有问题的不予点火
39		B2.8 点火人员超负荷劳动导致工伤等事故	点火人员超时、超负荷劳动、引发人员中暑，工伤等事故	合理安排集中点火工作、劳逸结合，炎热天气现场配备防暑药品和清凉饮料，做好点火人员的工作轮换
40		B2.9 非居民用户的炉具改造质量不合格导致漏气或闪燃	点火时发生爆燃引起人员伤亡	城市燃气企业加强非居民用户炉具改造的管理

续表

序号	阶段	类别	风险描述	可能存在的后果	风险防范措施
41			C1.1 已移交地上燃气设施未纳入相关部门及当地班组日常运行管理和枪(维)修范围	管道隐患未及时发现引发抢(维)修事件	严格落实地上燃气管道及设施安全管理规定有关要求,移交后管道运行管理部门和枪(维)修部门应掌握已经移交的新建燃气管道工程信息并落实日常运行管理要求
42			C1.2 未按规定落实调压柜维保工作	调压柜异常导致用户无法正常用气等紧急事件	1. 加强专业能力建设,确保维保人员持证上岗; 2. 严格落实每半年一次的调压柜(箱)维保工作
43	C. 运营管理阶段	C1. 设施管理	C1.3 居住人员流动性大,入户安检率较非城中村低、隐患不能及时发现并整改	隐患未及时发现引发燃气泄漏等抢修事件导致爆燃引起人员伤亡	加强安检前的沟通和告知,主动与物业管理处等沟通,提前发布安检计划,由物业管理处及网格员协调房东配合安检员进行上门安检,寻求多样化的解决办法,提高安检成功率(如参照"四个一",物业管理处签订安检联络函等)
44			C1.4 燃气管道设备设施(公共管道和户内管道)安全隐患排查整治不到位,隐患存在可能造成管道漏气风险	隐患未及时发现引发燃气泄漏等抢(维)修事件导致爆燃引起人员伤亡	持续做好隐患排查工作,要做深、做细、做实,发现隐患要设专人跟踪、重大隐患要及时登记上报,后续做好隐患跟踪管理;详细的整改计划,持续做好必查点拍照工作
45			C2.1 用户不当行为如自行拆除已点火的灶具、钢瓶接驳到管道上、管道改装/拆除、使用非专业燃气阀门/旋塞、自行增加燃气设备等导致新建燃气管道及设施可能存在漏气风险	燃气泄漏导致爆燃引起人员伤亡	1. 在厨房等醒目位置,分别张贴用气安全指引和用气安全宣传不干胶贴纸,并向客户作安全宣传; 2. 针对性开展城中村联络人和燃气客户掌握安全用气常识和应急处置措施; 3. 巡查安检过程中加强隐患跟踪管理
46		C2. 外因损坏	C2.2 老鼠吹破胶管造成漏气	燃气泄漏引起紧急抢(维)修人员伤亡	1. 加强金属软管或金属包覆软管的推广使用,避免使用普通胶管,客户坚持使用胶管的,应做好备注; 2. 新建项目应统一安装金属软管或金属包覆软管; 3. 新建项目点火时如发现用户使用胶管则不能通气点火

183

续表

序号	类别	风险描述	可能存在的后果	风险防范措施
47		C2.3　城中村埋地燃气管道被施工损坏发生燃气泄漏	燃气泄漏引发紧急抢修甚至人员伤亡（维）	1. 加强管道巡查、加强与街道、社区、城中村物业管理单位的联防联控； 2. 加密城中村的标志桩数量； 3. 增加更为明显的管线地贴，地贴上注明燃气埋深、紧急抢修点火等重要信息
48		C2.4　地上公共管及设施被车辆撞击发生燃气泄漏	燃气泄漏引发紧急抢修甚至人员伤亡（维）	1. 加大隐患排查整治力度、加强城中村出地管道防撞设施； 2. 针对横跨阶燃气管道，要设置限高警示标志，并根据现场情况加装防撞措施
49	C2. 外因损坏	C2.5　用户利用用户内管道挂重物，使之产生应力进而引发泄漏或拉断管道	燃气泄漏引发紧急抢修甚至人员伤亡（维）	1. 入户安检时注意相关情况； 2. 加强用户内安全宣传
50		C2.6　装修施工以及高空坠物损坏地上（含户内）燃气管道及设施引发燃气泄漏	燃气泄漏引发紧急抢修甚至人员伤亡（维）	1. 加强与各街道、社区的沟通联动、加强燃气安全宣传、避免同类事件发生； 2. 加强地上公共管道巡查。掌握地上公共燃气管道运行情况，及时排查并消除各类安全隐患
51		C2.7　户内电器漏电导致金属波纹管被击穿引发燃气泄漏	燃气泄漏引发紧急抢修甚至人员伤亡（维）	1. 严格按照金属波纹管安装标准流程及操作步骤作业； 2. 提高安全意识，软管在安装时是否有麻弹感觉、作业时应注意金属纹管破坏伤、管壁是否有发热、受热变形、融化等现象； 3. 加强安全宣传和户内安检
52		C2.8　城中村电动单车使用较多，存在随便充放电现象，如停放在管道系统周边或充电桩在管道系统周边发生火灾，容易给管道设施周带来频率引起燃气泄漏	火灾损坏燃气管道及设施造成燃气泄漏	按照住房和城乡建设局有关文件要求，协调城中村物业管理处通过拆除充电桩、异地选址重建、重新划分充电区、移走电动单车充电等方式、整冶电动单车充电桩与现役燃气管道设施消防安全间距不达标的安全隐患

续表

序号	类别		风险描述	可能存在的后果	风险防范措施
53	C.运营管理阶段	C2.外因损坏	C2.9 地下电缆漏电导致埋地PE管击穿引发泄漏	燃气泄漏引发紧急抢(维)修甚至人员伤亡	城市燃气企业要加强管道保护，关注在燃气管道周边的电力管道铺设项目。要确保安全间距符合要求
54			C2.10 施工单位因久薪等原因主动关闭燃气管道阀门、恶意损坏燃气管道及设施造成紧急抢(维)修事件	恶意损坏燃气管道及设施造成紧急抢(维)修及舆情事件	1. 协调当地街道、核查现有工程项付款进度。如发现工程项付款未能按时结清的城中村，应做好提前介入工作，联合街道、社区及物业管理处，做好安全宣传和守法教育工作，发现问题及时制止； 2. 提请住房和城乡建设局介入，对危害公共安全的恶劣行为进行严肃处理，防止类似事件的再次发生，确保燃气安全运营
55		C2.外因损坏	C2.11 地上燃气管道私接、私改，例如原先仅有一个用气点，后期增加一处暗厨房，不符合用气条件	燃气泄漏导致爆燃引起人员伤亡	1. 加强安全宣传； 2. 与房东签订有1个用气点的安全协议
56			C2.12 建筑整栋拆除损坏地上燃气管道	燃气泄漏导致爆燃引起人员伤亡	1. 签订互保协议，拆迁经过城市燃气企业同意； 2. 加强对城中村楼栋装修改造的安全管理，进行楼栋改造涉及燃气管道的须由我司和政府部门审批通过，并经我司工作人员现场监护才能进行
57			C2.13 业主安装热水器时，误将水管接到燃气管道上	发生水进入燃气管道的抢(维)修事件	1. 对城中村业主加大安全用气宣传力度； 2. 建议入户燃气阀门采用类似止回阀门的阀门，阻断介质倒流
58		C3.应急抢修	C3.1 进行抢(维)修作业时临时停气、放散置换、恢复供气等操作时多次点火不成功，造成无气报抢(维)修事件甚至发生闪燃、爆燃事故	发生无气抢(维)修事件甚至发生闪燃、爆燃事故	严格按照临时停气后恢复供气相关作业规程进行作业

续表

序号	类别	风险描述	可能存在的后果	风险防范措施
59	C3. 应急抢修	C3.2 抢修人员对城中村内燃气管道的走向以及阀门、调压设备的位置不熟悉，对阀门的控制范围不熟悉，无法准确进行应急处置	应急抢修不及时引发舆情事件或人员伤亡	1. 每月对抢修人员开展当地城中村管道走向和阀门位置学习，学习内容应在一个自然年内覆盖当地所有城中村； 2. 应急抢修队伍应绘制当地每个城中村的平面图，平面图应包含城中村内每一栋楼的相对位置，明确每个城中村中控制的具体楼栋。平面图应做好存档管理，确保抢修作业人员随时可查看平面图； 3. 建立以楼栋调压箱或出地阀为定位参照的信息化系统，快速定位、精准到达事发楼栋
60		C3.3 抢修人员未配备防尘阀操作手柄，无法第一时间进行应急处置	应急抢修不及时引发舆情事件或人员伤亡	为抢修员、巡查员及防尘阀操作手柄，考虑给物业管理单位（或村委）配备防尘阀手柄，可放在消防器材柜或者防爆物品柜内
61	C. 运营管理阶段	C4.1 城中村内因未按规定违规进行抢（维）修作业，导致燃气事故	燃气泄漏导致爆燃引起人员伤亡	1. 加强员工作业培训教育，作业过程中加强现场监护； 2. 严格按照城市燃气企业有关规定进行抢（维）修作业
62	C4. 施工作业	C4.2 城中村内因查漏补缺、零散户安装等违规对已供气地上燃气管道及设施进行动火作业或高空作业，导致燃气事故或高空坠落	燃气泄漏或人员跌落引起伤亡	1. 对施工单位做安全交底，发风险告知书，明确施工单位严禁操作带气管道； 2. 严格按照城市燃气企业地上燃气管道动火作业规程、地上燃气管道临时停气恢复通气作业规程等有关规定。由城市燃气企业进行停气并现场监护的情况下开展相关作业

9.3.2 城中村瓶改管工程运营要点

根据城中村用气环境、用气群体等客观因素，城市燃气企业在后期运行维护中，应重点加强以下几方面的日常管理：

（1）建立已供气城中村的台账，并为其建立档案，做到"一村一档、专人管理"。城中村台账除包含城中村的主要工程和供气资料外，还应包含城中村的联系人、安检率、点火率等信息，并每月及时更新。城中村档案应包含城中村平面图或 GIS 平面图、安全宣传记录、应急演练资料、安检隐患台账以及公共管道隐患台账、年度安全分析以及抢修分析等文字材料。

（2）分级开展城中村供气安全管理工作，定期对城中村用气异常情况进行分析，开展风险评估，辨识供气安全风险，按照一定比例选取重点城中村加强管理。每季度至少召开一次城中村管道燃气安全管理专题会议，分析城中村安全管理风险，部署落实风险管控措施。每季度编制城中村管道燃气安全运营分析报告并报相关部门，分析城中村移交供气、开户点火、安检巡查、抢（维）修等各项业务存在的安全风险和隐患，调查分析每一起城中村紧急事件、事故原因并编制案例。

（3）用户管理部门应与城中村物业管理单位建立联络机制，可通过社区网格员、村消防员、楼（栋）长等多方面加强居民用户燃气安全管理。

（4）用户管理部门应提前将安检、巡查、抄表计划送达至城中村物业管理单位，告知村民、用户，配合安检员进行安检，提高安检率和抄表入户成功率；根据城中村安全风险特征，针对性开展城中村管道燃气安全宣传，普及安全用气常识，提高城中村联络人和用户应急处置能力。

（5）管道安装到位但未点火的用户，要及时进行末端封堵，并定期上门查验。

（6）管网运行部门应绘制当地每个城中村的平面图，平面图应包含城中村中每一栋楼的相对位置，明确每个阀门控制的具体楼栋，平面图应做好存档管理；加强员工培训，确保熟悉村内燃气管道的走向，以及阀门、调压设备的位置；管网运行部门当地班组每年至少开展一次城中村实操应急演练，优先选取当地重点城中村，每年开展多次应急演练的，应选取不同的城中村。

（7）同一城中村同一小时内集中接报无气供应超过 3 单的，应按照抢修作业进行提级管理，管网运行部门值班负责人应及时赶到现场，妥善处理现场情况。

9.4 瓶改管后期零散瓶装液化气用户的管理

瓶改管工程结束后，应进一步加强瓶装液化气的约束管理，对具备改造条件未实施改造的用户继续督促改造，实现瓶改管社会效益最大化。但受房屋户型、生产用气性质、市政气源覆盖等限制，仍有部分用户无法使用管道天然气，将继续使用瓶装液化气，应做好保供措施，避免"一刀切"给群众生活带来不便。

郑州市在2022年开展的瓶装液化气安全管理工作中，就明确要运用5G大数据、物联网等信息技术，收集全市瓶装燃气企业基础信息、用户信息、配送车辆信息、场站信息、设施运行情况等，构建市、区县（市）、企业三级联网的瓶装液化气配送车辆安全监管信息系统，实现瓶装液化气统一呼叫配送管理、钢瓶流转可追溯管理、统一用户信息管理，使瓶装液化气企业日常管理信息化，对瓶装液化气配送全过程实时监管，做到来源可查、去向可追、责任可究，有效提升瓶装液化气安全管理水平。

深圳市在2023年瓶改管后期推行清瓶，对符合特定条件的用户允许继续使用瓶装液化气，特定用户分为清瓶过渡期瓶装液化气用户和长期瓶装液化气用户，对该两类用户建立"白名单"管理制度，通过微信小程序管理，实现瓶装液化气充装、储存、运输、配送、使用全链条的信息监管，图9-4为某市瓶改管后期零散瓶装液化气用户信息化管理平台。

信息系统应按照瓶装气"全流程安全"的管理思路，实现全链条、全方位、多维度、协调化、智能化管理的总目标，要能实现以下功能：

（1）要利用信息化管好钢瓶，实现全流程监管。信息系统应设置钢瓶管理措施，要求从业人员在钢瓶充装、入库、提瓶、交付、回收等各个流通环节，必须全流程扫"钢瓶二维码"溯源。针对任一环节"扫码"缺失情况，自动系统向相关主管部门、城市燃气企业发布预警信息，阶梯性限制钢瓶再次充装，倒逼从业人员按规定操作、保障钢瓶流转全程合法合规，有效遏制违规充装的"黑煤气"在市场上流通。

（2）要利用信息化服务好用户，提供全方位服务。一是要开通简洁的订气方式，用户可以通过微信下单，方便快捷；二是要提升送气效率，确保气瓶快速送到用户家中；三是要满足不同用户群体的使用要求；四是要

图 9-4 某市瓶改管后期零散瓶装液化气用户信息化管理平台

为用户提供安检、宣传等"一站式服务",提升用户的安全用气意识。

（3）要利用信息化监管用户端,保障使用安全。一是能事前预防,系统能识别不同用户,对不符合瓶装液化气用气条件的用户"拒绝订气",从源头杜绝安全风险。二是能加强事中管理、落实逢送必检,系统将"入户安检"与"气瓶送达"环节绑定,对照标准化电子检查单,通过隐患拍照上传、用户电子签名及发布预警信息等功能,落实"逢送必检"工作,对安检不成功或者存在重大安全隐患的,不予办理"气瓶送达"操作,促使燃气企业和用户及时消除用气安全隐患。三是能闭环管理,系统将安全隐患实时推送给相关责任主体进行整改、并推送给相关主管部门进行跟进,对安全隐患整改逾期未改的,向相关主管部门、城市燃气企业发布预警信息,提醒瓶装液化气企业停气处理,违反法律法规的,相关监管部门依法处罚,实现隐患闭环管理。

（4）要利用信息化连接若干管理主体,实现协同化管理。一是能实现燃气行业主管部门、街道办可以将系统作为落实"三管三必须"管理职责的重要抓手,运用该信息系统,开展钢瓶流转监管、安全检查督查、隐患排查治理等工作,促进政府监管提质增效。二是社区工作者、网格员等基层工作人员能使用信息化系统,核查钢瓶流转信息、排查违规送气行为,对违规送气行为实时推送给燃气管理部门进行处理,实现齐抓共管局面。三是广大市民群众能通过系统对违规送气行为进行举报,充分发挥社会监督作用,形成"人人会安全用气"的良好氛围。

（5）利用信息化识别风险，实现智能化管理。细节方面，系统借助视频 AI、自动识别、数据分析等功能，对瓶装液化气违规充装行为、钢瓶流转信息缺失、用户户内钢瓶存放超量、安全隐患整改逾期未改等情况，及时向政府监管部门、瓶装液化气企业及用户推送预警提醒，督促相关责任主体进行整改、主管部门跟进整改情况，直至完成整改后进行销项。宏观方面，系统借助后台对各类数据进行分析，精准研判各类安全隐患，针对性地加强安全宣传和教育，对出现不按规范操作的企业和人员，进行再培训、再教育，全面规范企业及从业人员配送瓶装液化气行为，提高服务水平。

9.5　案例解析——某市燃气企业科学利用报警信息，精准开展城中村地下管道积水抢修

9.5.1　事件经过

2021 年 1 月 11 日，某城中村 A 住户拨打抢修电话，反映从 2020 年 11 月起家中用气多次出现气压低，无法用气的情况。该用户曾报抢修处理，抢修师傅核查情况后说是因城中村瓶改管施工时地下燃气管道积水，造成出现气压低情况，抢修人员也多次到现场处理排水问题，至今一直没有得到根治，长期下去给生活带来很多不便。

2021 年 1 月 13 日，该村 B 住户来电反映，此户曾预约过维修单，报气压低。维修人员反馈管道堵塞转施工单位处理，用户反映总共去了三位师傅都是只是看现场，未能帮其处理问题。

2021 年 1 月 13 日，该村 C 住户来电反映，天然气供应不足，严重影响到居民生活，希望相关部门尽快处理。

区城市燃气企业发现该村供气压力不足，已多次收到用户反映，于是展开全面梳理与调查。通过系统检测，自 2020 年 10 月 25 日起，抢（维）修队接连接到该村用户报警信息，集中发生在用户晚高峰用气时段，普遍反映火力小、压力低、供气不稳定、管道无气等现象。经统计，2020 年 10 月 25 日～2021 年 1 月 15 日，共接到该村供气压力低的警情信息 53 起，涉及用户 36 户。

9.5.2 问题与难点

(1) 事件处理的滞后性。从用户反映问题知道该情况 2020 年 11 月份就开始了，直至 2021 年 1 月，被多人投诉后才深入剖析，存在一定被动性。

(2) 工程整改难度极大。该城中村村地下燃气管道工程为单独建设项目，非瓶改管工程整体建设项目，如彻底开展地下燃气管道整改，涉及地面反复开挖及多方协调，实施整改的难度大。

9.5.3 分析与解决过程

深入分析供气压力低的原因，通过调阅抢（维）修数据发现，供气压力低的警情信息 53 起的报警用户均分布在该村 196 栋周边，其中 20 起抢（维）修处理结果反馈明确管道有水。经核实，燃气管道系统供气压力较低主要是由于管道积水导致，在低洼处容易堵塞管道。经调阅监理日志，2019 年上半年，地下燃气管道工程大面积施工时，燃气、电信、雨污分流等多家施工单位交叉同步施工，其中，电信施工单位在该村 196 栋作业时损坏了消防水管，大量水进入正在施工的燃气管道，积水严重管段约 1480m。为做好管道吹扫工作，监理人员要求施工单位分段采用自制钢丝绳捆绑海绵球方式进入管道进行回拖排水，吹扫时间持续近 2 个月，经逐栋检查吹扫压力合格后才通过验收。由于该村地下管网较长，有 4.4km，且支管较多，对管道吹扫工作的要求较高，此次暴露出的管道积水应该是工程建设期间进入的消防水，吹扫工作不彻底是造成管道积水的主要原因。信息调查完后，城市燃气企业紧急组织工作小组开展应急处置。

(1) 集中排水。经应急处置，确定供气压力较低的根本原因是地下低压燃气管道积水导致，为消除燃气管道系统安全隐患，城市燃气企业积极协调该村股份公司以及相关政府部门，克服该村人流量大、道路开挖难度大、积水管段查找难度大等困难，成功开挖 8 处管道末端进行排水，包括开挖两处在燃气主干管安装鞍型三通寻找积水点、开挖 6 处楼栋支管进行停气排水。

(2) 日常高频次排水。受管道长、管径较大、秋冬季节等因素影响，存在个别支管开挖排水后再次积水现象，致使燃气管道供气压力低的警情反复，2021 年 1 月以来，抢（维）修人员多次上门监测管道系统的供气压力，发现一处积水、排空一处，保障用户正常用气。

（3）加强用户宣传。2021年2月2日组织对该城中村用户进行全面安全检查，向用户做好沟通解释工作，并进行用气安全宣传；逐个排查已供气城中村的供气压力状况，主动对接，避免出现类似供气压力较低的投诉，确保安全稳定供气；加大对此类事件的关注力度，及时梳理研判风险、拟定预案，持续加强日常舆情风险监测，及时处置并回应市民关切的问题。

9.5.4　案例启示

（1）总结经验教训，针对城中村供气压力低的问题制定专项应急预案，密切关注城中村抢（维）修事件，同时编制告知函，和用户做好沟通解释工作。

（2）加强对验收人员的监督管理，在工程验收、移交等关键环节加大抽检力度。

（3）加强地下燃气管道的巡查，调整安检巡查计划，提前开展对新供气城中村安检巡查工作，增加安全检查频次，做好隐患排查整治工作，保障管道燃气的安全稳定供应。

（4）安排专人做好回访工作，定期跟踪用户用气情况，及时解决用户反映的问题。

9.6　案例解析——某市燃气企业因案施策，加强城中村公共燃气管道保护

9.6.1　案例背景

某地瓶改管工程结束后，已供气的城中村在短时间内发生多起地上燃气管道被车辆撞击导致漏气的紧急事件，引起当地城市燃气企业高度关注。

（1）2022年2月26日，A城中村门口，货车撞击外墙燃气环管导致漏气，造成173户居民用户停气，图9-5为外墙燃气环管被撞损漏气。

（2）2022年3月28日，B城中村某楼栋外墙燃气支管被车直接撞断，导致燃气泄漏。本次事件造成居民用户4户停气，图9-6为外墙燃气支管被撞断漏气。

（3）2022年5月24日，C城中村一辆小汽车撞击出地燃气管道防撞

图 9-5 外墙燃气环管被撞损漏气

护栏，导致防撞护栏与预留出地管道均撞歪变形，管道未发生泄漏，图 9-7为燃气阀门箱、管道被撞击损坏。

9.6.2 问题与难点

上述事故直接原因是车辆撞击燃气管道导致漏气，间接原因包括：

（1）城中村巷道狭窄，厢式货车进出过程中容易发生撞击；

（2）城中村管道防撞警示标识、防撞设施不足；

（3）城市燃气企业与城中村物业管理单位联防联控机制不够完善；

（4）城中村用户安全意识不强；

（5）城中村瓶改管工程设计未充分考虑车辆撞击风险。

9.6.3 分析与解决过程

（1）集中整治，加装防撞设施和警示标志。针对城中村车辆撞击燃气

图 9-6　外墙燃气支管被撞断漏气

图 9-7　燃气阀门箱、管道被撞击损坏

管道导致漏气事件，城市燃气企业开展专项整治行动，印发《城中村公共燃气管道预防车辆撞击专项整治行动方案》，开展城中村公共燃气管道预防车辆撞击专项整治，全面排查城中村出地管、横跨楼栋管、高度 3.5m 以下车行道沿外墙敷设燃气管未加装防撞设施等隐患，并增设防撞设施或防撞标识，表 9-2 为某城中村公共燃气管道安全隐患排查登记台账。

某城中村公共燃气管道安全隐患排查登记台账　　　　　表 9-2

单位名称：_____分公司

序号	楼栋名称	（一）防撞措施未加装			（二）燃气管道警示标识不足		（三）机动车道沿线一楼小型工商用户低压管（DN15）	排查时间	整改措施	整改资金	整改时间	责任人
		出地管未加装防撞护栏	沿墙敷设的水平环管未做防护	填写出地管的管径	横跨消防通道未有标识	沿墙敷设燃气管未有警示标识	管道警示标识不明显					
1												
2												
3												
4												
5												
6												
7												
8												
9												

注：隐患按照"一村一台账"登记，并跟进整改。

（2）加强社区联动，提升社区燃气应急能力。进一步优化完善城中村燃气运营网格化对接机制，强化与小区物业管理单位的联防联控。通过与村股份公司、物业管理单位、消防队签订管道保护协议方式、发放城中村公共管道防撞风险告知书，及时共享小散工程及威胁管道安全运营行为信息，强化管道保护工作。并同步在城中村配备阀门专用手柄，对物业管理单位开展应急处置培训，紧急情况下物业管理人员可以第一时间关闭楼栋阀门，控制险情。

（3）加大宣传，普及燃气安全知识。加强城中村燃气安全宣传工作，对社区、物业、保安人员及广大城中村用户开展用气安全宣传，营造"燃气安全、人人有责"的良好用气氛围，图 9-8 为外墙管加装防撞设施。

图 9-8　外墙管加装防撞设施

9.6.4　案例启示

（1）提前预判，充分考虑城中村道路狭窄、用气条件差等情况，定位管道被车辆撞击的风险点，管道保护设施纳入工程设计，同步施工、同步投入运行。

（2）做好宣传工作，通过政务短信将管道安全保护相关信息推送当地所有居民。

（3）加强对已供气城中村管线的巡查工作，增加巡查频次，建立隐患台账，对可能引起撞击事件的管道部位建立台账，并及时加装防护措施。

第 10 章　瓶改管宣传及舆情处置

瓶改管是一项系统的民生工程，从工程建设到供气运营，涉及大量群众工作，若无法取得广大市民支持与理解，容易使民生工程沦为民怨工程。因此，在改造过程中，要不断加强瓶改管的惠民宣传，全面开展舆情风险识别和应对，及时、有效处置好各类舆情。

10.1 瓶改管宣传

10.1.1 宣传调研与分析

宣传是一种专门为服务特定议题的表现手法，运用各种符号传播一定的观念或主题以影响人们的思想和行动的社会行为。在瓶改管宣传过程中，为高效制定宣传计划，锁定目标群体，应定期组织专项宣传调研，通过问卷调查、上门走访等形式了解客户需求，定向制定宣传内容及宣传形式。

1. 宣传调研实施路径

针对瓶改管宣传现状，建立"2S＋5W"分析模型，"2S"代表调研（Survey）和方案（Scheme），"5W"是美国著名传播学者哈罗德·拉斯韦尔提出的宣传工作要素，即谁（Who）、说了什么（Says What）、通过什么渠道（In Which Channel）、向谁说（To Whom）、取得什么效果（With What Effect）。应用到瓶改管宣传工作分析上，具体如下：

S——调研及调研结果分析。对瓶改管方进行调研，主要集中在村股份公司或物业管理处、业主和租户，根据调研对象特点，丰富调研形式，制定调研内容，对调研结果进行分析和总结。

5W——5W模型构建及分析。对于城中村宣传工作，根据"5W"代表的意义，从宣传主体（Who）、宣传内容（What）、宣传渠道（In Which Channel）、宣传对象（To Whom）和宣传效果（With What Effect）5个方面进行定位和问题分析。结合以上研究内容，对宣传效果的影响因素进行分析，确定影响宣传效果的关键因素。

S——宣传方案与策略制定。根据调研结果的分析结论和建立的宣传模型，抓住影响宣传效果的关键因素和现阶段宣传工作中存在的主要问题，制定宣传方案和宣传指引，图10-1为宣传调研实施路径。

2. 调研结果使用

按宣传调研实施路径开展宣传工作调研，通过问卷调查和上门走访，

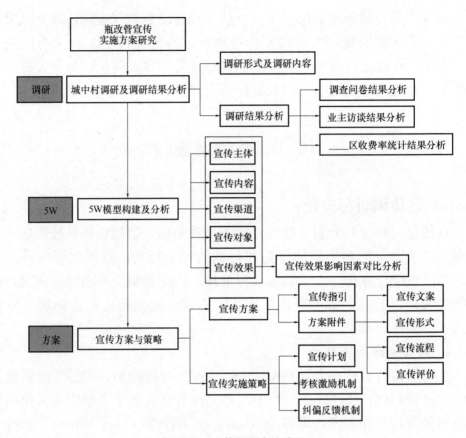

图 10-1　宣传调研实施路径

采用关键因素渗析法分析数据得出结论，包括受访者年龄、性别、文化程度、对瓶改管工程的关注度、满意度、出资意愿等，并加以分析，找到瓶改管宣传的集中对象、主要内容、宣传形式等，图 10-2 为某市瓶改管工程宣传工作关键因素分析。

10.1.2　宣传内容

宣传内容即宣传文案，是瓶改管宣传工作开展的基础，它可以帮助宣传者很好的传递信息点、宣传瓶改管优势，让宣传更具吸引力和说服力，让受众容易被宣传所感染和吸引，从而支持瓶改管工作。瓶改管的宣传内容主要通过六个方面去呈现，包括：瓶装液化气的安全隐患、管道天然气的优势、政策解读、居民参加改造的流程、常见问答、宣传口号。

（1）瓶装液化气的安全隐患。通过介绍瓶装液化气的气质、管理，全国瓶装液化气爆炸事故警示案例及相关数据，引起广大市民重视。

1）瓶装液化气使用不当容易发生爆炸。目前瓶装液化气使用的是液

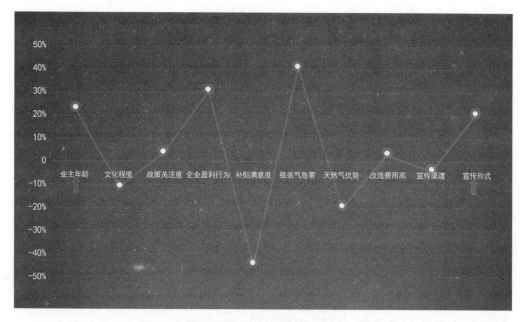

图 10-2　某市瓶改管工程宣传工作关键因素分析

化石油气，主要成分为丙烷丁烷，比空气重，使用不当易泄漏，一旦泄漏会积聚在低洼处，不易扩散，且液化石油气爆炸下限低（1.5%），遇明火、电器启动等点火源易引发爆炸。

2）黑煤气安全无保障。市场上存在较多无证经营的"黑煤气"，普遍使用过期未检、报废甚至报废翻新钢瓶，这些假冒瓶装燃气企业，通过卡片宣传、以车代库等手段销售，气质无保障，安全无保障。

3）瓶装液化气安全事故警示案例。瓶装液化气市场管理难度大，"黑气"横行，已成为城中村安全主要危险源之一，严重威胁市民的生命和财产安全。

（2）管道天然气优势。管道天然气相比瓶装液化石油气具有安全、经济、清洁、便捷的优势，可通过市民心声、用户感受等方式去增强说服力。

1）管道天然气的安全性优势。管道天然气的主要成分是甲烷，比空气轻，发生泄漏后将很快向大气中扩散，不易聚集，相对瓶装液化石油气不易发生爆炸。管道天然气通过管道输送，无须贮藏，大大减少了事故隐患。

2）管道天然气的经济性优势。以广东省 15kg 装液化气石油气市场均价约 120 元/瓶、居民用管道天然气市场均价约 3 元/m³ 测算，燃烧同等热值的天然气比液化石油气节省约 40％燃气费。

3）管道天然气的清洁性优势。天然气是国际公认的清洁能源，纯净不含杂质，每燃烧 $1m^3$ 天然气相比同等热值的液化石油气可以减排二氧化碳 387g，能有效降低碳排放，减少灰霾天气，改善大气环境质量。

4）管道天然气的便捷性优势。管道天然气即开即用，24h 稳定供应，没有断气和"背气瓶上楼"更换钢瓶的烦恼。

（3）改造政策。改造政策主要以宣传惠民工程、改造范围及改造时间节点等，侧重在政策文件的解读。政府主管部门应统一设计宣传资料，规范宣传内容。

（4）改造流程。介绍需用户参与配合的相关流程，内容包括需要用户做什么，提供什么资料等。

1）居民瓶改管改造流程。

① 启动阶段。业主（用户）了解管道天然气优势及改造相关政策；配合设计人员入户勘察，如需整改应积极配合落实。

② 统一缴费。业主（用户）留意统一缴费时间并及时缴费。

③ 入户管道安装。业主（用户）根据施工时间安排表，留人在家配合入户管道的安装。

④ 开户。业主（用户）携带相应的开户资料到社区现场办公点或线下营业厅办理开户。

⑤ 燃烧器具改造或购置。业主（用户）可现场申请或自行委托有资质的单位对旧燃烧器具进行改造，不满足安全要求的需自行更换天然气燃烧器具。

⑥ 点火。业主（用户）可现场申请点火，或通过城市燃气企业微信公众号、网上营业厅、支付宝服务窗以及 24h 服务热线等渠道预约点火。

2）非居民用户瓶改管改造流程

① 启动阶段。城市燃气企业相关工作人员根据各区下达的任务清单主动对接各非居民用户，用户需配合设计人员勘察，如需整改请积极配合落实。

② 签订合同。用户与城市燃气企业签订《瓶改管非居民用户安装服务协议》。

③ 管道安装。用户根据施工时间安排表，配合入户管道的安装。

④ 开户。用户携带相应的开户资料到社区现场办公点或城市燃气企业营业厅办理。

⑤ 燃烧器具改造或购置。用户可现场申请或自行委托有资质的单位对旧燃烧器具进行改造，不满足安全要求的需自行更换天然气燃烧器具。

⑥ 点火。用户可现场申请点火，或通过城市燃气企业微信公众号、网上营业厅、支付宝服务窗以及 24h 服务热线等渠道预约点火。

（5）常见问题解答。搜集市民关注的瓶改管各类问题，用"群众语言"编制标准解答，印制成册广泛发放宣传。

10.1.3 宣传形式

瓶改管宣传宜采用以政府为主导，各参与单位配合，通过村里村外结合、线上线下联动、广播电视声色互动等多种形式开展宣传。

（1）常规宣传。常规宣传包括业主大会、村民大会、入户宣传等。在瓶改管前期启动阶段，由街道办组织各村股份公司、物业管理处召集业主和村民集中开业主大会、村民大会。会上对瓶改管政策、改造流程、改造注意事项进行宣传，通过视频播放、PPT 演示、现场宣讲等形式进行。

（2）驻点宣传。驻点宣传包括在人群聚集的广场、城中村出入口、社区工作站等人口流量大的地方搭设帐篷，开设现场咨询点，或早晚高峰在地铁口、公交站台派发宣传单，在有条件的固定场所张贴海报、布设横幅、播放宣传视频等。驻点宣传可在整个瓶改管宣传过程中进行，前期主要以宣传政策、瓶改管优势、市民心声为主，中期以宣传常见问答、施工注意事项为主，后期宣传以点火、炉具、清瓶时间节点相关须知为主。

（3）主题宣传。结合瓶改管各时间节点，丰富创新瓶改管相关专项宣传活动，包括民心桥、广场舞大赛、瓶改管惠民便民服务周、点火仪式、启动仪式、示范村开放日、嘉年华、市民开放日、人大代表开放日、H5转发赢奖品活动、春节送对联活动等。

（4）线上宣传。随着时代的进步和经济的发展，手机网络普及，线上宣传显得尤为重要。通过电视媒体、当地融媒体公众号、政府微信公众号等渠道发布瓶改管的各类新闻，营造良好的瓶改管氛围。

10.1.4 宣传计划及实施流程

宣传计划需结合当地居民生活习俗和瓶改管工作特点来制定，包括业主大会、现场驻点、主题宣传活动、媒体宣传、短信宣传等的次数及开展时间，形成宣传计划台账，按计划台账推进落实。

（1）召开业主大会。社区会同村股份公司、物业管理处组织所有城中村、住宅区居民业主及瓶改管非居民商户召开业主大会，通过政策宣讲、播放宣传视频、派发宣传折页、现场答疑等议程安排，动员广大业主参与改造。

（2）邮寄业主信函。针对无法参加业主大会的业主，村股份公司及物业管理处通过邮寄信函或添加业主微信，将瓶改管有关宣传资料送达至业主，确保业主宣传"一户不漏"。

（3）开展线上宣传。瓶改管工程各参与方通过政府官方微信公众号、抖音号、微博等线上平台，持续宣传瓶改管政策，推送瓶改管软文、视频及宣传广告等，营造家喻户晓的改造氛围。

（4）进村宣传。在城中村和住宅区内显著位置布设宣传横幅，在施工围挡、楼栋、宣传栏等处张贴宣传海报开展宣传。

（5）入户宣传。社区安排网格员，针对未缴费用户及前期设计确定符合管道燃气安装条件的用户，同时对业主和租户开展入户宣传，进行再动员、提升安装率，仍不愿改造或不愿整改的用户做好解释工作、签订改电承诺书。

（6）现场驻点宣传。在集中点火期间，城市燃气企业提供"一站式"现场办公服务，派驻专人在现场负责宣传咨询工作，宣传内容包括瓶改管政策、钢瓶回收、开户资料、管道燃气办理流程、炉具要求、点火条件、天然气价格公示等。每个社区确保至少一个现场服务点，未设置服务点的城中村或住宅区应在村口显眼位置告示就近现场服务点位置或联系方式。

（7）燃气加价收费整治宣传。在部分城市，业主或房东对租户习惯性通过加价收取水电气费牟利，引起用户（租户）不满和投诉信访。街道办可组织社区、村股份公司、城市燃气企业通过召开城中村业主大会、摆放村口展板、张贴海报、播放村口喇叭等形式加大对房东提醒告诫，引导实际用气人自主缴费；城市燃气企业负责在已通气的城中村内通过楼栋张贴海报、户内张贴告知单、村内拉横幅、摆放展板等形式开展自主扫码缴费及气价公示有关宣传工作。

（8）安全用气宣传。燃气企业联合街道办、社区、村股份公司、物业管理处做好管道燃气安全用气宣传，向用户普及天然气使用常识，保障安全用气。

（9）燃气设施保护宣传。当地政府、城市燃气企业、街道办、社区、村股份公司、物业管理处联合做好燃气设施保护宣传，筑牢联防联控、群防群治的严密防线，保障城市基础设施运行安全、平稳。

10.2 舆情处置

10.2.1 瓶改管常见舆情分类

瓶改管工程舆情类型多,可分为12大类舆情,包括管道久拖不装、无法用气、不满足安装条件、粗暴施工、改管收费高、燃气设施安装不当、错过集中改造、未开展瓶改管、增加用气点、业主乱收费、退瓶不畅和其他。根据对部分城市瓶改管舆情分析,其中管道久拖不装、无法用气、粗暴施工等舆情高发,约占到舆情的50%。

(1)管道久拖不装:居住地已纳入瓶改管改造工程,且管道天然气安装费用已交,但管道天然气工程迟迟未施工,导致市民无法开通使用天然气。

(2)无法用气:户内已安装天然气管道,至今未点火通气。

(3)粗暴施工:施工过程中,弄坏水管、打碎物品、损坏玻璃、破坏墙体、未及时清理建筑垃圾;户内燃气管道存在未安装到位;地下管道施工开挖时,未放置警示标识提醒、施工完成后未及时回填复原,以及施工噪声大,影响居民正常生活。

(4)不满足安装条件:因暗厨房、楼顶有违法建筑、楼间距窄等原因无法安装燃气管道。

(5)改管收费高:施工单位未按用户要求安装管道,需改管;厨房装修需改管时,用户认为改管费用偏高,不合理;安装燃气设施时,需收取打孔费用。

(6)燃气设施安装不当:反映燃气设施设备(燃气表箱、调压器、阀门、管道)安装位置不合理,认为不美观,占用公共场所或存在安全隐患,要求整改。

(7)错过集中改造:用户未收到通知而错过统一安装,二次申报免费安装。

(8)未开展瓶改管:附近小区均已纳入瓶改管改造工程,但其居住地未纳入安装计划,天然气管道至今未安装。

(9)增加用气点:城中村改造时,家中只安装一个用气点,现需申请增设用气点。

（10）业主乱收费：业主乱收取燃气安装费、气费。

（11）退瓶不畅：家中已使用天然气管道，不再使用瓶装液化气，因部分瓶装液化气站点已撤离，无法联系瓶装液化气企业办理退瓶业务。

（12）其他类问题包括用户和业主重复缴纳天然气管道安装费用，申请退费事宜；市民自行购买的燃烧器具不符合要求，工作人员推荐使用符合要求的燃烧器具，市民误认为强买强卖等；有关服务收费不透明引起用户误解等。

10.2.2　瓶改管舆情处置措施

舆情处置要注重时效性，针对共性问题须提出长效解决措施，以防止事态扩大。针对瓶改管方面的舆情处置，应由瓶改管政府主管部门统筹，各参与单位联动，建立工作小组，提出有效应对措施，做好舆情闭环管理，瓶改管舆情共性问题及解决措施见表 10-1。

瓶改管舆情共性问题及解决措施　　　　　　　　　　　　表 10-1

序号	投诉问题	责任单位	解决措施
1	管道久拖不装	当地政府、各建设主体方	1. 倒排工期，全力推进。各区要组织当地重新梳理项目清单，按照勘察、设计、缴费、进场施工、验收移交、集中点火等环节倒排工期，明确每个环节时间期限，压实建设、施工、供气等单位主体责任，严格按照既定时间节点推进； 2. 主动公开，加强宣传。以"一个项目、小区或城中村"为最小单元，按照倒排工期逐一宣传，让市民群众"心中有数"； 3. 监测进度，做好解释
2	迟迟未移交导致无法使用	建设单位、施工单位	加快移交，尽快供气。各区建设单位要督促施工单位尽快完善供气资料，将竣工验收项目移交至城市燃气企业开展接驳供气，对在建项目要提前提醒、督促施工单位在工程推进过程中，同步整理、备齐供气必需的材料，提高项目移交效率
3	点火不及时导致无法使用	城市燃气企业	增补力量，有序点火。城市燃气企业要按照各区瓶改管进度，通过外委、转岗、兼职、异地支援等多渠道、多方式，视情增补点火力量，应对瓶改管堆积式点火高峰。同时原则上按照完成改造的先后顺序且综合兼顾用户的诉求，提前制定集中点火计划，有序组织基层一线员工开展入户点火工作
4	因工程质量问题导致无法使用	施工单位	反馈问题，立即整改。对管道试压不合格、管道安全间距不足、户内管道不到位等工程质量问题，城市燃气企业在点火时发现情况要以书面形式告知建设单位，待问题整改完毕并经供气前检查合格后，应第一时间安排人员入户点火；各区要组织街道办、施工单位等落实各类问题隐患进行整改

序号	投诉问题	责任单位	解决措施
5	因用户端问题导致无法使用	用户/业主	反馈问题，立即整改。用气场所不满足用气条件、燃烧器具不合格等问题导致无法按期入户点火的，城市燃气企业在点火时发现情况要及时告知业主，并以书面形式告知建设单位，各区要组织街道办督促业主整改隐患，待问题整改完毕后，应第一时间联系城市燃气企业安排人员开展入户点火工作
6	粗暴施工	当地政府	压实建设和施工单位安全生产主体责任，加强对项目工程的全过程监管。其中，在招标投标阶段，要加强对施工单位及相关人员资质的审查。在设计阶段，要加强对设计图纸的合规性审查。在施工阶段，要加强对施工质量和安全的过程监管，组织与施工单位签订安全和文明施工承诺书，督促施工单位严格按图纸施工，按有关规定设置围挡，在现场张贴施工警示标识和施工计划告知书，合理选择施工时间，最大限度降低对市民基本生活造成影响；对损坏水管、墙面、窗户玻璃、户内管道安装不到位、燃气表安装位置不合理等问题，责令施工单位限期整改，同步主动跟市民做好解释工作；对于未按图纸施工，违法分包、层层转包，以及作业人员未持证上岗等问题，依法严厉查处。在竣工验收、移交阶段，要按照有关规定进行验收、移交，确保移交前的燃气管道安全，对于因施工质量、纠纷等问题引起无法正常移交供气的，依法责令施工单位限期整改
7	不满足安装条件	当地政府	组织当地住房和城乡建设部门、街道办事处加强用气条件符合性宣传，让市民知晓和理解无法安装的原因。对暗厨房、不满足通风条件、产权纠纷、房屋结构改变、炉具安装位置不合理等原因引起无法安装的，提出整改意见并书面告知用户，指导用户落实整改，待用户完成整改后，统筹纳入安装范围。对楼栋间距狭窄、不具备整改条件等原因引起无法安装的，要主动跟市民做好解释工作，保障瓶装液化气供应
8	燃气设施安装不合理	设计单位、施工单位	各区要严把设计关，要求设计单位综合兼顾合规性、合理性、安全性、美观性等因素，确定燃气管道、燃气表箱、阀门、调压器等设施的安装位置，从源头上降低潜在投诉风险。此外，对于市民反映的燃气设施安装不美观、占用公共场所、存在安全隐患等问题，具备整改条件的，责令施工单位限期整改；不具备整改条件的，按照"一问题一方案"原则，采取管控措施或美化措施，并及时主动向市民做好解释工作，争取市民的理解
9	错过集中改造	当地政府	严格按照瓶改管要求，组织街道办事处加大改造政策宣传力度，认真细致全面摸排"错过集中改造，现需改造"的用户底数，建立改造用户清单，结合当地实际情况制定改造方案，统筹实施改造，确保"不落一户"；查漏补缺期间，在充分沟通和动员的情况下，对仍然坚持拒绝实施瓶改管的住户，要按照要求协调其改用电，并承诺今后如需要安装使用管道燃气，相关费用由其自身承担

续表

序号	投诉问题	责任单位	解决措施
10	未纳入瓶改管	当地政府	梳理"无法纳入瓶改管"的城中村或小区清单，分析研判无法纳入改造的原因，提出改造方案，统一制作告知书，逐一在"无法纳入瓶改管"的城中村或小区公示栏进行张贴告示，或者通过业主群、住户群等媒介进行宣传，争取用户理解。同时要加强与供电单位的沟通，尽快启动整个小区或城中村的改造工作；过渡期内，立即按照要求做好瓶装液化气保障供应工作
11	房东乱收费	当地政府	组织街道办事处发动村股份公司召开规范城中村燃气收费普法宣传、提醒告诫活动，明确要求燃气收费不加价、不强制代收代缴；加大对承租人实名"开户"、自助缴费和对房东提醒告诫的工作力度，在城中村张贴、派发相关宣传资料，并通过广播、住户群等媒介开展宣传。对于发现房东加价等乱收费行为，协助相关职能部门依法严肃处理。城市燃气企业要制作面向城中村承租人的"开户"和充值缴费指引，指导承租人通过扫码直接"开户、充值缴费"，加大力度印制、派发、张贴宣传资料，在城中村宣传栏中张贴宣传；制作宣传燃气自助开户、扫码缴费的宣传视频，在企业官网、公众号等媒体上宣传，做到"房东皆晓、租户皆知"，确保瓶改管改造政策红利惠及燃气用户
12	退瓶不畅	当地政府	组织当地住房和城乡建设部门、街道办事处等单位制定"退瓶"工作指引，按照"谁供气，谁负责退瓶"的原则，在用户通气点火当天，同步为瓶改管用户完成"退瓶"手续。对因供应站点已撤销或关停，无法联系到城市燃气企业办理"退瓶"手续的，原则上由瓶装燃气企业负责"退瓶"；对于"黑气瓶"，原则上由各街道办事处组织当地瓶装燃气企业办理"退瓶"。城市燃气企业在开展入户点火时，摸排用户内钢瓶底数，并第一时间将有关信息共享给当地街道办事处，由街道办事处指导并督促用户办理"退瓶"
13	瓶改管等增值服务收费	城市燃气企业	城市燃气企业针对用户对相关瓶改管等增值服务费用不清楚导致投诉的情况，城市燃气企业要加大瓶改管增值服务收费标准宣传力度，明确收费事项、细化收费标准、标注收费依据，在企业官网、微信公众号等媒体进行公示公开；制作宣传公示牌、宣传折页等物料，在城中村或小区公示栏张贴，确保瓶改管增值服务收费标准公开透明、便于市民悉知。同时，对于需要瓶改管增值服务的用户，城市燃气企业工作人员在上门服务时要分发增值服务收费标准宣传折页，耐心细致解释收费标准和依据，避免因信息不对称、用户不理解、收费标准不透明等问题引起投诉
14	捆绑销售燃烧器具	城市燃气企业	规范销售行为，严格执行点火服务标准。城市燃气企业统一印制燃烧器具选购宣传海报，做好非强制指定品牌等宣传；在集中点火现场做好宣传海报布设，对城市燃气企业自主品牌和其他正规品牌燃烧器具按统一服务标准点火通气

续表

序号	投诉问题	责任单位	解决措施
15	点火进度慢	城市燃气企业	优化点火预约机制，对处于集中点火阶段的村或住宅区，做好公示告知和宣传，同时将集中点火城中村或住宅区的清单、计划安排、联络人报客服中心话务员，并同步将点火安排告知用户，避免用户信息不对称而拨打政府投诉热线；集中点火结束后的城中村或住宅区纳入城市燃气企业常规零星散户点火预约范畴
16	热线拨打等待时间长	城市燃气企业	增补话务员，应对瓶改管集中工作时期出现的咨询量激增情况

10.3 案例解析——某城市燃气企业优化老旧小区宣传流程，提升瓶改管报装率

10.3.1 案例背景

某市对居民瓶改管采取的筹资模式为政府投资建设小区公共燃气管道，包括地下管、立管、环管，业主出资负责户内燃气管道及设施建设费用，城市燃气企业负责投资建设市政管网建设费用。其中，业主出资的户内燃气管道及设施建设费1000元/户以上，用户报装意愿不强。为了提高老旧小区的瓶改管报装率，当地城市燃气企业尝试优化宣传流程，提升市民对瓶改管的认知度、参与度。

10.3.2 问题与难点

（1）用户出资部分费用高，用户报装意愿不强。从用户调研了解到，大部分用户不愿安装是由于用户需承担户内全部建设费用，觉得一次性投入相对较高，导致用户不接受瓶改管。

（2）用户对瓶改管政策不了解。该小区瓶改管已供气几年，但管道燃气使用率不足30%，大量用户仍在使用瓶装液化气，不了解管道燃气的优势（如瓶改管后可大幅节省燃气费），宣传工作存在短板。

10.3.3 分析与解决过程

为全面系统开展宣传动员工作，加快用户报装率，城市燃气企业提出

优化宣传报装流程。从前期摸排、现场设点宣传、后续安装三大步骤开展。

前期摸排阶段，由城市燃气企业大客户经理牵头，当收到老旧小区瓶改管工程公共管道收尾阶段信息时，大客户经理在 3 个工作日内通知城市燃气企业其他相关业务部门前往小区现场，与小区物业人员沟通对接，宣传瓶改管报装相关政策和管道天然气优势，取得物业单位支持，并拿到小区房屋结构信息、制定小区房号表。

城市燃气企业大客户服务经理与小区物业单位确定摸排时间后，由城市燃气企业安排人员逐户摸排，城市燃气企业提供摸排补贴 15 元/户给现场摸排人员，摸排人员根据房号表逐户勘察，确认其厨房是否满足安装条件，当厨房符合报装条件后，城市燃气企业客户中心工作人员现场绘制燃气管道安装草图，经用户确认无误后，工作人员将草图给用户拍照留底，草图原件由城市燃气企业客户中心存档记录。城市燃气企业客户中心将摸排情况完善至小区住户信息表中，明确标注符合用气条件用户、不符合用气条件用户及原因，作为后续收费开户的基础资料，并抄送城市燃气企业计划发展部备案。在遇到无法安装的户型时，入户摸排工作人员须耐心做好解释工作，告知用户厨房无法使用管道燃气的原因，发放燃气管道安装条件告知单，争取用户理解。

现场设点宣传环节，由城市燃气企业客户中心牵头，明确现场摆摊时间，摆摊时间应在具备通气条件前一周周末。城市燃气企业安排工作人员现场宣传环节中，直接根据房号表签署《自愿安装燃气管道协议书》并收费登记。对现场所有居民发放礼品扇，价值约 6 元/把；对选择安装镀锌管并现场缴清安装费的用户赠送礼品用纸巾一提，价值约 20 元/提；对选择安装不定尺波纹管并现场缴清安装费的用户赠送礼品用大米一袋，价值约 30 元/袋；对一次性缴清容量气价的用户赠送礼品用玉米油一桶，价值约 50 元/桶。

结合该小区情况进行费用测算，相关费用纳入安全费用列支。该小区总户数 7583 户，摸排人员补贴总费用 11.37 万元，宣传用品费用预计 15.02 万元，明细见表 10-2。

某老旧小区宣传费用预算表

表 10-2

序号	宣传用品	数量	单价	合计（元）
1	宣传横幅	10 条	50 元/条	500

续表

序号	宣传用品	数量	单价	合计（元）
2	宣传海报	10 张	80 元/张	800
3	宣传页	5000 张	0.5 元/张	2500
4	矿泉水	200 箱	32 元/箱	6400
5	礼品用 8 寸扇子	5000 把	6 元/把	30000
6	礼品用大米（5kg）	1000 袋	30 元/袋	30000
7	礼品用玉米油（4L）	1000 桶	50 元/桶	50000
8	礼品用纸巾（卷纸 1 提）	1500 提	20 元/提	30000
合计				150200

经过完整的一轮逐户摸排，然后现场摆摊推广收费，该老旧小区的包装率显著提升。

10.3.4 案例启示

（1）加大资金投入，解决历史遗留问题。该小区早年已通气，由于当时报装率较低，被长期搁置，无人牵头处理，也无法调动物业单位的摸排积极性。城市燃气企业主动担当，为提升城市安全性，避免用户瓶管混用，出资组织人员对小区进行逐户摸排，对用户进行礼品奖励和安全宣传、政策宣传，千方百计动员用户改造。

（2）打破流程限制，同步进行，加快项目进度。城市燃气企业组织逐户摸排、上门宣传并同步完成设计工作，最大限度减少瓶改管入户扰民的次数，实现入户成功一户、设计一户、确认一户。并在现场宣传过程中，同步缴费、同步赠送礼品，营造改造氛围，最大化争取市民参与瓶改管。

10.4 案例解析——某城市燃气企业强化信息公开，成功解决瓶改管投诉问题

10.4.1 案例背景

为鼓励已完成城中村瓶改管居民用户尽快点火用气，当地政府出台炉具补贴政策，与城市燃气企业下属的炉具品牌 A 公司合作，通过企业让利、政府补贴，居民低价或免费购置炉具点火，深受城中村居民欢迎，在城中村集中点火现场，绝大部分居民选择购买和使用 A 公司炉具。

10.4.2　事件经过

2023 年 3 月 11 日，当地城市燃气企业接到政务热线转来某城中村用户投诉，投诉内容为：城中村用户购买 A 公司的燃气灶就可以立马安装点火，市民自己准备的其他品牌燃气灶，需要在城市燃气企业排队点火。市民认为不合理，投诉城市燃气企业对不同品牌燃气灶具的点火区别对待，有垄断嫌疑，要求核实查处。

2023 年 3 月 11 日，城市燃气企业接到投诉后，立即组织核查情况。经核实，上述用户在现场咨询点火时，家中暂未购置炉具，不具备即刻点火的条件。A 公司在集中点火现场的销售人员告知，购买 A 公司的炉具可以立即安排送货安装，安装后即可现场预约点火；用户自行购买炉具，需炉具安装好后再到现场预约点火。在用户与工作人员沟通时，出现信息误解。

2023 年 3 月 11 日下午致电该用户解释情况，用户表示理解，并自行购买了炉具，炉具安装后，城市燃气企业当天按流程完成了点火通气。

10.4.3　问题与难点

（1）信息误读。根据用户现场观察，货源充足并且配备充足安装人员的只有 A 公司，却不了解 A 公司是在政府的组织下提供现场便民服务，并对产品降价让利，误解 A 公司利用城市燃气企业点火便利垄断炉具市场。

（2）点火流程宣传公示不到位。城市燃气企业当天在组织集中点火时，未在现场显著位置公示点火流程，造成用户对炉具购置、安装及点火流程不熟悉，引发了用户误解和投诉。

10.4.4　分析与解决过程

（1）及时有效宣传。城市燃气企业应组织在现场布置宣传展板，宣传展板明确任何符合国家标准的燃烧器具产品均可通气点火。销售人员在销售解说中，应说明现场所展示产品属于便民服务，以方便未事先购置燃烧器具的用户通气点火，用户可自愿选择，也可通过其他渠道另行购置。宣传展板还可特别强调了"采购某一品牌燃烧器具可以优先点火"或者"仅可采购某一品牌燃烧器具才予通气点火"均属于虚假宣传，谨防受骗，并提供市场监督检举电话。

（2）规范集中点火现场炉具销售。瓶改管工程建设单位可通过社区组织多家燃烧器具销售公司在集中点火现场销售，让群众有更多选择。

10.4.5　案例启示

（1）提前预判，强化风险应对。瓶改管各参与方应加强对瓶改管实施过程中的各项风险识别，对所有可能引起瓶改管推进不顺、市民不满、安全事故、信访舆情等风险进行分析研判，提前研究应对措施。

（2）加强政府联动，提升社会公信力。瓶改管工程是民生工程，推进过程中遇到的困难和问题应及时向瓶改管政府主管部门报告，通过官方渠道明确和发布相关政策、规则、工作标准，提升公信力，确保各项工作顺利推进。

参 考 文 献

[1] 何森. 西安某新区瓶装液化石油气转换管道天然气案例分析[C]// 中国燃气运营与安全研讨会(第十一届)暨中国土木工程学会燃气分会 2021 年学术年会论文集，2021：154-162.

[2] 许仁辞，岳永魁，胡鑫杰. 城市燃气爆炸事故统计分析与对策[J]. 煤气与热力，2020，40(7)：33-36＋46.

[3] 燃气爆炸微信公众平台. 2021 年全国燃气爆炸事故数据分析报告[EB/OL]. [2022-2-25].

[4] 李昊南. 分析城市燃气安全隐患及防范措施[J]. 中国石油和化工标准与质量，2023，43(8)：62-64.

[5] 李宏勋，周紫璐，马里成等. 中国"煤改气"政策对经济发展和环境治理的影响——基于CGE 模型的分析[J]. 河南科学，2023，41(4)：596-603.

[6] 王欢. 美国天然气产业的监管制度探析及对我国的启示[J]. 法制与社会，2010(16)：112-112.

[7] 吕森. 美国天然气管网基础设施运营与监管经验[J]. 能源，2019(7)：65-69.

[8] 杨凤玲，杨庆泉，金东琦. 英国天然气行业政府管制及立法[J]. 上海煤气，2004(1)：39-43.

[9] Desheng W，Yu X，Dingjie L. Rethinking the complex effects of the clean energy transition on air pollution abatement：Evidnnce from China's coal-to-gas policy[J]. Energy，2023(6)283-285.

[10] Xueyang W，Xiumei S，Mahmood A，et al. Does low carbon energy transition impedn air pollution? Evidnnce from China's coal-to-gas policy[J]. Resources Policy，2023(6)83-86.

[11] 崔永昌. 浅析农村煤改气供用气安全[C]//中国城市燃气协会安全管理工作委员会. 2022年第五届燃气安全交流研讨会论文集(上册). 2023：384-386.

[12] Hui L，Yue L，Lingyue Z，et al. On the evaluation of the "coal-to-gas" project in China：A life cycle cost analysis[J]. Energy for Sustainable Development，2023(7)73-77.

[13] 董国香，张捡，罗金等. 液化石油气钢瓶燃爆原因分析[J]. 石油和化工设备，2023，26(8)：136-143.

[14] 母海平. "6.13"燃气爆炸事故后城镇燃气安全管理问题探讨及应对措施[C]//中国城市燃气协会标准工作委员会. 2023 年中国城市燃气协会标准工作委员会年会暨燃气安全运营和智慧建设研讨会论文集，2023：106-120.

[15] 柯则芹，黄学志. 城镇燃气用户端事故分析及其防范措施[C]//中国城市燃气协会标准工作委员会. 2023 年中国城市燃气协会标准工作委员会年会暨燃气安全运营和智慧建设研讨会论文集，2023：105-109.

[16] 庞军，吴健，马中等. 我国城市天然气替代燃煤集中供暖的大气污染减排效果[J]. 中国环境科学，2015，35(1)：55-61.

[17] 杨义，孙慧，王梅. 我国城市燃气发展现状与展望[J]. 油气储运，2011，30

(10)：725-728＋713.

[18] 陈永林，谢炳庚，杨勇．全国主要城市群空气质量空间分布及影响因素分析[J]．干旱区资源与环境，2015，29(11)：99-103.

[19] 孙慧．我国天然气产业结构分析与优化升级研究[D]．北京：中国地质大学(北京)，2018.

[20] 罗东晓．国内液化石油气市场前景分析[J]．天然气工业，2007(10)：126-128＋148.

[21] 马玉兰，吴群莉，赵让梅．对人工煤气、液化石油气、天然气气相色谱分析方法的研究[J]．中国仪器仪表，2007(3)：41-44.

[22] 刘鹏，詹淑慧，黄葵．天然气替代传统能源的减排效果[J]．城市管理与科技，2012，14(6)：52-55.

[23] 熊凯，赵杰，朱忠朋等．液化石油气标准现状及发展趋势[J/OL]．石油学报(石油加工)：1-14[2023-9-11].

[24] 刘正琨，李文华，余庆竹等．瓶装液化石油气(LGP)安全隐患与检测技术的研究成果[C]//中国城市燃气协会标准工作委员会．2022年中国城市燃气协会标准工作委员会年会暨聚焦燃气安全赋能创新发展标准化论坛获奖论文集．2022：49-56.

[25] 全国燃气事故分析报告(2021年·第三季度报告)一、总体情况[C]//中国城市燃气协会安全管理工作委员会，中国燃气安全杂志社，燃气安全与服务微信公众号．全国燃气事故分析报告(2021年·第三季度报告).2021：4-6.

[26] 全国燃气事故分析报告(2021年·第三季度报告)三、事故原因分析[C]//中国城市燃气协会安全管理工作委员会，中国燃气安全杂志社，燃气安全与服务微信公众号．全国燃气事故分析报告(2021年·第三季度报告).2021：17-20.